소년은 어떻게 과학자가 되었나

TANKYUSURU SEISHIN
Copyright ⓒ 2021 Hirosi OGURI

All rights reserved
This Korean edition was published by BADA Publishing Co.,Ltd. in 2022 by arrangement
with GENTOSHA INC. through KCC(Korea Copyright Center Inc.), Seoul.

이 책은 (주)한국저작권센터(KCC)를 통한
저작권자와의 독점계약으로 (주)바다출판사에서 출간되었습니다.
저작권법에 의해 한국 내에서 보호를 받는 저작물이므로 무단전재와 복제를 금합니다.

소년은
어떻게
과학자가
되었나

재밌는 걸
하고 싶었다
그것이 모든 것의
시작이었다

오구리 히로시 지음
고선윤 옮김

바다출판사

단순히 빛을 발하는 것보다
밝게 비추는 것이 보다 훌륭한 것처럼
단순히 명상하는 것보다
명상의 열매를 다른 사람에게 전하는 것이
더 훌륭한 일이다.

―토마스 아퀴나스《신학대전》

여러분, 안녕하세요. 오구리 히로시입니다. 《소년은 어떻게 과학자가 되었나》를 손에 들어주셔서 감사합니다. 제가 쓴 책이 한국어로 번역된 것은 《중력 우주를 지배하는 힘》과 《수학의 언어로 세상을 본다면》 《지구인들을 위한 진리 탐구》에 이어 네 번째입니다.

1994년 미국의 캘리포니아 대학교 버클리 캠퍼스 물리학과의 교수가 된 저는 좋은 기회로 2000년에 캘리포니아 공과대학교로 적을 옮겼습니다. 그 후 38년 동안 미국에서 물리학과 학생들을 가르치고 있습니다. 2018년부터는 일본 도쿄 대학교의 연구소 소장도 함께 역임하고 있습니다. 이 책에서 저는 시골에서 태어난 제가 무엇을 공부하고 또 어떤 책을 읽으며 어떻게 이론 물리학자의 길을 가게 되었는지 돌아보고자 했습니다. 그리고 그 과정에서 겪은 경험을 바탕으로 기초과학을 직업적으로 연구한다는 것이 무엇이고 또 그것이 사회에 어떤 의

미인지 제 생각을 이야기했습니다.

일본에서 2021년 3월에 출간된 이 책은 다행히도 주요 신문과 잡지의 호의적인 서평 덕분에 많은 관심을 받았습니다. 어느 학부에 지원할지 고민하던 고등학생, 대학 졸업 후 사회에 나갈지 대학원에 진학할지 망설이던 대학생, 어떻게 미국에서 경력을 쌓을지 고민하던 연구자 등 많은 사람이 이 책을 읽고 느낀 바를 저에게 보내줬습니다.

저는 이 책이 한국어로 번역되어 매우 기쁘게 생각합니다. 본문에도 나오지만 제가 처음 방문한 해외 시설이 바로 한국의 한국과학기술원(KAIST)이었습니다. 서울 올림픽이 열리기 바로 전의 해였던 것으로 기억합니다. 그 후 미국에서 학생들을 가르치며 여러 한국 유학생을 지도할 기회가 있었고, 그중에는 졸업 후 한국에서 교수가 된 이들도 있습니다. 더불어 2006년 부터는 한국, 중국, 인도의 연구자들과 함께 이론 물리학을 공부하는 대학원생을 대상으로 '아시아 겨울학교'를 공동 개최하면서 한국의 연구자들과도 교류하는 기회가 늘어났습니다.

2021년에는 한국이 낳은 위대한 이론 물리학자인 이휘소 박사를 기념하는 상을 받아 한국 물리학회의 개회식에서 수상 강연을 하는 영예를 안았습니다. 대학원에서 저는 이휘소 박사의 소립자 이론 강의록을 읽으며 공부를 했기 때문에 이 수상은 특히 저에게 의미가 있었습니다. 이휘소 박사는 강의록을 쓸 무렵 미국 시카고 교외에 있는 페르미 국립 가속기 연구소의 이론 물리학부장으로 명성을 날리고 있었습니다. 하지만 안타깝게도 시카고에서 콜로라도의 아스펜 물리학센터로 이동하던 중 교통사고를 당해 42세의 나이로 돌아가셨습니다. 제가 이사 장으로 있는 아스펜 물리학센터 정원에는 그를 기리기 위한 기념비가 놓여 있습니다.

이런 경험들을 통해 저는 한국 연구자들이 학문을 존중하고 기초 연구의 중요성을 이해하고 있다는 점에 깊은 감명을 받았 습니다. 이 책 제4부에 기초과학의 사회적 의미에 대한 저의 생 각을 담았는데 한국의 독자들이 어떻게 생각하실지 무척 기대 가 됩니다.

그럼 우선 왜 저는 이론 물리학자가 되려고 했는지부터 이야 기를 해보겠습니다.

목차

제1부 　　　　　지식을 향한 여행 시작

1장 생각하는 즐거움

2장 생각하는 방법을 단련하다

3장 물리학자들의 영광과 고뇌

제2부   타지에서 학문을 배우고 닦은 시절

제3부   기초과학을 키우다

제4부   사회에서 기초과학이란 무엇인가

제1부

지식을 향한 여행 시작

1장

생각하는 즐거움

전망대 레스토랑에서 지구의 크기를 재다

기후에서 태어난 나는 어릴 때부터 부모님을 따라 자주 나고
야에 갔습니다. 나고야 중심가에 있는 주니치 빌딩 지하에 차
를 세우고 레스토랑에서 점심을 먹은 다음, 마루에이 백화점에
서 쇼핑을 했습니다.

주니치 빌딩은 지상 12층 건물인데 최상층에는 주변의 전망
을 즐길 수 있는 회전식 전망대 레스토랑이 있었습니다. 천천
히 돌면서 주변의 경치를 볼 수 있어서 그것만으로도 좋았습니
다. 멀리 지평선까지 보였습니다.

"저 지평선은 여기에서 얼마나 될까?"

이런 생각을 한 것은 초등학교 5학년 때의 일입니다.

그 무렵 산수 시간에 학교 옆에 있는 송신탑의 높이를 삼각
법을 이용해서 알아낸 적이 있었습니다. 학교에서 배운 삼각형

의 기하학을 이렇게 응용할 수 있다는 것에 감동했습니다. 그래서 레스토랑에서 보이는 지평선까지의 거리도 삼각법을 이용하면 알 수 있을 것이라고 생각했습니다.

레스토랑에서 지평선까지의 직선거리를 알려면 이것을 하나의 변으로 하는 삼각형을 그리면 될 것 같았습니다. 하나의 꼭짓점만 정하면 삼각형이 만들어집니다. 꼭짓점의 후보로 두 개를 생각했습니다. 하나는 케이크가 맛있었던 빌딩 1층의 커피숍이었고 또 하나는 지구의 중심이었습니다.

가족이랑 식사를 하면서 '1층의 커피숍, 레스토랑, 지평선상의 점'을 꼭짓점으로 하는 삼각형과 '지구의 중심, 레스토랑, 지평선상의 점'을 꼭짓점으로 하는 삼각형을 생각했습니다. 그리고 두 개의 삼각형이 닮았다는 것을 알았습니다. 여기서 내가 배운 삼각형의 성질을 이용하니 (빌딩의 높이)×(지구의 반지름)=(지평선까지의 거리의 제곱)이라는 공식을 만들 수 있었습니다. 빌딩의 높이와 지구의 반지름을 알면, 이 공식을 가지고 지평선까지의 거리를 계산할 수 있습니다.

주니치 빌딩의 높이는 바로 알 수 있었습니다. 초등학생이었던 나는 울트라맨의 키가 40미터라는 사실을 알고 있었습니다. 울트라맨은 괴수와 싸우면서 비슷한 높이의 빌딩을 쓰러뜨립니다. 주니치 빌딩은 당시 주변의 다른 빌딩보다 좀 더 높았으므로 50미터 정도라고 가늠했습니다.

그런데 지구의 반지름은 몰랐습니다. 그렇다면 지평선까지의 거리는 알 수 없겠다고 생각하면서 바깥을 바라보고 있는데 지평선 부근에 할아버지 집이 있다는 사실을 기억했습니다. 할아버지의 집은 기후현과 아이치현 사이를 흐르는 기소강 건너편에 있었습니다. 아버지께 할아버지 집까지의 거리를 물으니 20킬로미터 정도라고 했습니다.

처음 던졌던 "지평선까지의 거리가 어느 정도일까?"라는 질문에 아버지가 바로 답을 하셨습니다. 그래서 문제가 달라졌습니다. 새롭게 알게 된 지평선까지의 거리를 이용해서 지구의 반지름을 계산해보려고 했습니다. 앞의 공식을 변형하면 (지구의 반지름)=(지평선까지의 거리의 제곱)÷(빌딩의 높이)가 되기 때문에 지평선까지의 거리와 빌딩의 높이를 알고 있다면 지구의 반지름을 알 수 있습니다. 계산해보니 8000킬로미터였습니다. 집에 돌아와서 백과사전에서 확인했더니 지구의 반지름은 약 6400킬로미터였습니다. 내가 어림잡아 계산한 숫자가 좀 컸습니다만 그리 나쁘지 않았습니다.

이런 일화를 기억하는 것은 창밖에 보이는 경치만으로 지구의 크기를 잴 수 있었던 것이 강한 인상으로 남아 있었기 때문입니다. 관찰과 생각만으로 거기까지 알 수 있었습니다. 게다가 나만의 힘으로 찾았다는 사실에 보람을 느꼈습니다.

이 무렵 유카와 히데키湯川秀樹의 전기를 읽고 이론 물리학이라는 학문이 있다는 것을 알았습니다. 어른이 되면 이론 물리학자가 되고 싶다고 생각했습니다.

물리학에서는 우리들의 일상 경험을 훨씬 뛰어넘는 현상을 생각합니다. 은하의 중심에 있는 태양의 400만 배의 질량을 가진 블랙홀, 몇억 광년이나 멀리 떨어진 은하의 운동, 또한 미시의 세계로 눈을 돌리면 양자역학의 불가사의한 세계가 있습니다. 소립자의 세계에서 138억 년 전 우주의 시작까지 아무리 어려운 문제도 관찰과 사고의 힘으로 해명할 수 있다는 용기를 얻은 것은 바로 전망대 레스토랑에서의 경험이 있었기 때문입니다.

내가 초등학교 때 사용한 식에는 사실 약간의 실수가 있었습니다. $2 \times ($빌딩의 높이$) \times ($지구의 반지름$) = ($지평선까지의 거리의 제곱$)$, 즉 좌변에 2를 곱하면 보다 정확한 식이 됩니다. 이 식을 기억해두면 편리합니다.

40대 중반이 되었을 때의 일입니다. 미국의 헤지펀드 회사 '르네상스 테크놀로지스'를 창업한 제임스 사이먼스James Simons 전 회장이 뉴욕의 스토니브룩 대학교에 거액의 사비를 투자해서 수학과 이론 물리학 연구소를 설립하고 나에게 초대 소장을 맡아달라고 권유했습니다.

사이먼스 전 회장은 기하학과 위상학 연구로 미국 수학협회가 수여하는 베블런 기하학상을 수상하고 스토니브룩 대학교의 수학과장을 역임한 저명한 수학자였습니다. 그 후 투자 비즈니스 세계로 뛰어들어 주식시장의 빅데이터를 수리적으로 분석하는 자금 운용으로 대성공했습니다. 사이먼스 전 회장의 반평생과 그의 헤지펀드에 대해서는 그레고리 주커만Gregory Zuckerman의 《시장을 풀어낸 수학자》에 자세하게 기술되어 있습니다.

연구소의 계획에 대한 이야기를 듣기 위해서 사이먼스 전 회장의 사무실을 방문했습니다. 맨해튼 중심에 위치한 고층 빌딩의 방에서 국제연합 본부 빌딩 너머 이스트강, 건너편으로는 브루클린에서 롱아일랜드까지 내려다보였습니다.

스토니브룩 대학교에 대한 이야기를 하고 있을 때, 사이먼스 전 회장이 동쪽을 가리키면서 "대학은 저 부근일 거예요"라고 했습니다. 내가 무난하게 "그렇겠네요"라고 했으면 좋았을 텐데 그 자리에서 "이 높이라면 지평선은 35킬로미터 정도의 거리에 있으니 롱아일랜드의 오이스터베이 정도밖에 보이지 않겠군요"라고 반론했습니다. "그걸 어떻게 아셨죠?"라는 사이먼스 전 회장의 질문에 "두 개의 삼각형은 닮았기 때문입니다"라고 설명하자 사이먼스 전 회장은 수학자라서 "그렇군!"이라고 하며 바로 이해했습니다. "비행기에서 창밖을 내다보면서 지평선까지의 거리를 생각한 적이 있었는데 좋은 이야기를 들었네요"라고 하면서 기뻐했고 이야기는 활기를 띠었습니다.

연구소 소장 자리는 결국 거절했지만 그 후에도 사이먼스 전 회장과는 친한 관계를 유지했습니다. 사이먼스 재단이 수리 과학의 진흥을 위해서 연구원 지원 제도를 시작했을 때는 제1회 선임 연구원으로 연구 자금을 지원받았습니다.

여러분도 전망이 좋은 레스토랑에서 식사를 할 때 화제로 삼을 수 있으니 기억해두면 도움이 될 것입니다.

갓난아이도 '발견'의 기쁨을 느낀다

기하학의 재미를 알게 된 것은 초등학교 고학년 때입니다만, 과학은 저학년 때부터 좋아했습니다. 특히 실험시간은 즐거웠습니다.

몇 번을 반복해도 같은 결과가 나오기 때문에 재미있었습니다. 이를테면 소독약의 요오드팅크를 희석해서 요오드를 만들고, 죽 같은 전분을 함유한 것에 몇 방울 떨어뜨리면 황색 액체가 청자색이 됩니다. 그런데 죽에 침을 섞어서 잠시 데운 다음 요오드를 떨어뜨리면 색은 변하지 않습니다. 몇 번을 반복해도 똑같습니다

"그게 뭐가 재미있어?"라고 고개를 갸우뚱하는 사람도, 같은 일이 몇 번이고 반복해서 일어나는 현상을 의외성이 없어서 지루하다고 느끼는 사람도 있을 것입니다. 그러나 이 세상에서 일어나는 현상에는 정해진 패턴이 있고, 우리들이 그것을 발견할 수 있다는 것은 생각할수록 불가사의한 일입니다.

딸아이가 아직 어렸을 때, 베이비 체어의 테이블 위에 놓인 숟가락을 일부러 떨어뜨리는 행동을 했습니다. 나와 아내는 바로 달려가 숟가락을 주워 원래의 자리에 올렸놓았는데, 딸은 숟가락을 또 떨어뜨렸습니다. 엄마, 아빠가 떨어진 숟가락을 다시 주우면 좋다고 깔깔거리면서 계속해서 떨어뜨렸습니다. 그렇게 몇 번이나 떨어뜨리기를 반복했습니다. 이때 딸은 '발견의 기쁨'을 느꼈을 것이라고 생각합니다. '숟가락을 떨어뜨리

면 엄마, 아빠가 달려와서 주워준다'는 패턴을 발견한 것입니다. 아이는 이것이 하나의 '법칙'이라는 것을 확인하기 위해서 숟가락을 일부러 떨어뜨리는 실험을 반복한 것입니다.

갓난아이가 시행착오를 하면서 세계를 발견해가는 모습에 감동합니다. 우리들이 당연하다고 생각하는 일상의 현상 하나하나가 그들에게는 새롭고 거기에서 패턴을 발견하는 것으로 자신들이 살아가는 이 세상의 구조를 이해해나갑니다. 패턴의 발견에는 순수한 기쁨과 감동이 있습니다. 갓난아이 때의 호기심을 그대로 가지고 어른이 된 사람이 과학자인지도 모릅니다.

자유연구를 하며 시행착오를 즐기다

초등학교 때를 기억하면 선생님에게 배우는 것 말고도 스스로 이것저것 생각하는 것을 좋아했습니다.

학교에서는 그림을 그릴 때 먼저 윤곽선을 그리라고 배웁니다. 사람의 얼굴도, 사과도 먼저 윤곽선을 그린 다음 색을 칠합니다. 초등학교 저학년 때 나는 이 윤곽선이 참 궁금했습니다. 주변의 사물을 봤을 때 검은 선의 윤곽선을 가지고 있는 것이 없었습니다. 사물과 사물 사이에 경계는 있습니다. 그러나 그 경계는 굵기가 있는 검은 선이 아닙니다. 그렇다면 경계는 무엇으로 이루어져 있는 것일까요?

잘 관찰해보면 경계는 색이나 밝기가 바뀌는 부분이라는 것을 알 수 있습니다. 거기에 어떤 굵기의 선이 있는 것이 아닙니다. 윤곽선을 긋는 것은 색이나 밝기의 변화를 두드러지게 만들기 위한 것임을 알았습니다. 궁금했던 사실을 잘 생각해서 자신만의 언어로 표현하면서 비로소 납득할 수 있게 되었습니다.

'자유연구'도 스스로 생각하는 즐거움을 맛볼 수 있는 기회였습니다. 자유연구란 조사한 것을 커다란 도화지에 적어서 발표하는 과제입니다. 초등학교 때 매주 월요일마다 발표회가 있었습니다. 연구할 주제를 스스로 생각해서 조사하는 것뿐만 아니라, 조사한 것을 도화지에 어떻게 표현할 것인지에 대해서도 머리를 잘 써야 합니다. 이를테면 그래프 그리는 방법에도 연구가 필요합니다.

부모님은 기후시 야나가세 상점가에서 몇 개의 가게를 운영하고 있었습니다. 집이 교외에 있어서 학교를 마치고 부모님과 함께 귀가하기 전까지는 사무실 한구석에 마련한 공부방에서 시간을 보냈습니다. 야나가세는 나의 홈그라운드와 같은 곳이라서 자유연구의 하나로 '상점가를 왕래하는 사람의 수가 하루 동안 어떻게 변하는가'를 조사해보려고 했습니다.

가로축에는 시간, 세로축에는 이동하는 사람의 수를 그래프로 그리려고 했는데 시간 간격을 얼마로 하는 것이 좋을지를 놓고 고민에 빠졌습니다. 시간의 폭을 길게 잡으면 대강의 변화밖에 알 수 없습니다. 그렇다고 너무 짧게 잡으면 그래프로서의 의미가 없어집니다. 극단적인 이야기로 간격을 100분의 1초로 하면 0으로 이어지는 가운데 가끔 1이 나열되는 그래프가 되어서 이것만으로는 통행량의 변화를 그림으로 나타낼 수 없습니다. 하루 통행량의 변화를 가장 잘 드러내기 위해서는 시간의 폭을 어떻게 정해야 할까요?

이전의 자유연구에서 기온의 변화를 조사할 때는 '시간의 폭'이 문제가 되지 않았습니다. 시간 간격을 6시간으로 하는 것보다 2시간, 1시간으로 짧게 하는 것이 기온의 변화를 상세하게 나타낼 수 있습니다. 원리적으로는 100분의 1초의 기온 변화도 그래프로 만들 수 있습니다.

기온 그래프에서는 시간 간격을 얼마든지 짧게 할 수 있는데 통행량은 왜 그렇게 할 수 없을까요? 이 차이를 확실하게 알게 된 것은 대학에서 물리학을 공부하고 나서입니다.

물질의 물리적 성질은 크게 '세기 성질'과 '크기 성질'로 구분됩니다. 컵 안의 물을 생각해봅시다. 물의 온도는 컵의 부피를 2배로 해도 바뀌지 않습니다. 이와 같이 크기가 바뀌어도 원래의 양일 때와 달라지지 않는 것을 세기 성질이라고 합니다. 온도 외에 밀도나 압력도 세기 성질입니다. 한편 컵 안의 물의 무게는 컵의 부피와 비례합니다. 부피를 2배로 하면 무게도 2배가 됩니다. 이와 같이 물질의 양에 따라 측정값이 변하는 성질을 크기 성질이라고 합니다. 무게 외에 물 안의 분자 수도 크기 성질입니다. 기온은 세기 성질이므로 시간 간격을 아무리 짧게 해도 매끄러운 그래프를 그릴 수 있습니다. 한편 사람의 수는 크기 성질입니다. 따라서 시간 간격을 너무 짧게 하면 의미 없는 그래프가 됩니다.

측정량을 세기 성질과 크기 성질로 나눈 것은 20세기 초 캘리포니아 공과대학교의 리처드 C. 톨먼Richard C. Tolman입니다. 물론 초등학생이었던 나는 거기까지 깊이 생각하지 못했습니다. 그러나 기온과 사람의 수는 무엇이 다른지 등과 같은 문제에 대해 스스로 생각하고 시행착오를 할 수 있는 자유연구는 즐거운 작업이었습니다.

자유연구의 발표회에서 스스로 생각한 것을 사람들에게 전달하는 경험도 했습니다. 사람들 앞에서 발표를 할 때 어떻게 설명을 해야 사람들이 이해를 잘 할 수 있을지와 같이 상대의 입장이 되어서 생각할 필요가 있습니다. 자신이 이해한 순서를 그대로 설명하는 것은 가장 좋은 방법이 아닐 수 있습니다. 전달하고 싶은 정보를 정리한 다음 논리를 재조립해서 표현해야 합니다. 사람들 앞에서 이야기하는 것을 통해 자신의 이해도 깊어집니다. 이는 초등학생 때 체험한 것이지만 연구자가 된 다음 논문을 쓰거나 학회에서 발표를 할 때 도움이 되었습니다.

자유서방에 방임되다

스스로 생각하기 위해서는 그 재료가 되는 지식도 중요합니다. 지식이 부족하면 자신의 생각을 자유롭게 펼칠 수 없습니다. 책이 지식의 보고라는 사실을 안 것은 초등학교 때입니다.

당시 야나가세에는 기후현에서 가장 큰 서점인 '자유서방'의 본점이 우리 가게 가까이에 있어서 외상으로 책을 가지고 올 수 있었습니다. 하굣길 대형서점에 가볍게 들려서 책을 뒤질 수 있었던 것은 지금 생각해보니 참으로 행복한 일이었습니다. 근처에는 시립 도서관도 있었지만 당시는 관공서와 같은 분위기라서 초등학생이 혼자서 갈 수 있는 곳이 아니었습니다. 물론 이것은 그때의 이야기고 지금은 친근감이 넘치는 도서관이 되었습니다. 자유서방의 점원과도 친해졌고 마음에 드는 책은 꼭 구입했기 때문에 이것저것 뒤지고 읽어도 싫어하지 않았습니다. 부모님에게 "그것보다는 이 책이 더 좋지 않니?"라는 말을 듣지도 않았고 읽고 싶은 책을 맘껏 읽을 수 있었던 것도 고마운 일이었습니다.

매일같이 찾았으니 책방의 모습은 지금도 기억합니다. 들어가자마자 오른쪽은 잡지, 왼쪽은 아동 서적이 있는 코너였습니다. 초등학교 저학년 때는 바로 그곳으로 달려갔습니다. 1층 중앙에는 단행본, 안쪽에는 신서와 문고본, 2층에는 고등학생을 위한 참고서와 대학생이 읽을 전문 학술서, 3층에는 미술서 외에 고급 문구 등이 있었습니다.

아동 서적의 코너에서 구입한 책 중에서도 몇 번이고 읽은 것은 《수수께끼 자연학습만화》였습니다. 전 12권을 구석구석 반복해서 읽고 기록된 것을 모두 외웠습니다. 딸이 초등학교에 입학할 때, 이와 비슷한 학습만화가 없는지 찾아보았지만 아쉽게도 《수수께끼 자연학습만화》에 필적할 만한 것을 찾지 못했습니다.

《어린이 전기전집》을 읽고 갈릴레오 갈릴레이Galileo Galilei, 아이작 뉴턴Isaac Newton, 마리 퀴리Maria Curie, 유카와 히데키 등의 과학자를 알았습니다. 유카와의 전기傳記에는 원자핵 안에서 힘을 전하는 '중간자'라는 소립자의 존재를 한밤중 이불 속에서 생각해냈다는 이야기가 있었습니다. 사고의 힘으로 자연계의 가장 깊고 확고한 진리에 도달했다는 이야기에 감동했습니다.

매월 배달되는 잡지《과학》과《학습》을 읽는 것도 즐거웠습니다.《과학》에는 집에서 실험이나 관측을 할 수 있는 부록이 있어서 자연과학을 좋아하는 소년에게는 그 이상의 것이 없을 정도였습니다. 지렛대의 원리나 부력, 전기회로와 자석의 구조 등을 자신의 수준에 맞게 손을 움직이면서 이해할 수 있었습니다.

학년이 올라감에 따라 자유서방에서 찾는 곳도 달라졌습니다. 고학년이 되자 문고와 신서가 있는 1층 안쪽으로 드나들었고 초등학교를 졸업할 무렵에는 조심스럽게 2층으로 올라가 고등학생 참고서와 전문 서적을 보았습니다. '아직 초등학생인 내가 이곳에서 책을 보면 혼나는 것이 아닐까?'하며 가슴이 콩닥콩닥했습니다. 아이들은 다양한 모양으로 발돋움을 하고 어른이 됩니다. 나에게는 자유서방의 2층이 그런 장소였습니다. 자연과학계 공부를 좋아해서 스우출판사의《차트식》학습 참고서가 진열되어 있는 책장에서 고등학생 수학과 물리학 참고서를 읽은 기억이 있습니다.

책을 훑어보는 것을 영어로 '브라우즈browse'라고 합니다. 원래 방목된 소나 말이 초원에서 풀을 뜯어먹는 모습을 나타내는 말이었는데 책을 대강 읽는 것도 이렇게 말합니다. 페이지를 그냥 마구 넘기는 것도 브라우즈, 서점에서 여기저기를 마구 돌아다니는 것도 브라우즈라고 합니다. 초등학교 때 나는 자유 서방에서 방임되었습니다.

서점에 가서 생각하지도 못한 책을 보게 되는 것은 또 다른 즐거움입니다. 찾고자 하는 책 옆에 진열된 책을 가볍게 만져 보는 것만으로도 새로운 세상이 열리는 일이 몇 번이고 있었습니다. 아마존 등의 인터넷 서점은 참 편리합니다. 그러나 브라우즈를 위해서는 종이책이 있는 서점에 가는 것이 즐겁습니다.

블루백스와 《만유백과대사전》

이런 초등학생이었으니 과학 입문서에도 손을 내밀지 않을 수 없었습니다. 당시에는 고단샤의 블루백스BLUE BACKS 시리즈가 서점의 한 코너를 차지하고 있었고 내 마음을 사로잡았습니다. 그중에서도 기억에 남는 것은 쓰즈키 다쿠지都筑卓司의 《과연 공간은 휘어져 있는가: 누구나 알 수 있는 일반상대성이론》입니다. 표지에는 살바도르 달리Salvador Dali의 '신인류 탄생을 지켜보는 지정학의 어린이'라는 제목의 비밀이 가득한 그림이 있었습니다.

읽으면 '공간은 중력에 의해 휘어진다'거나 '일단 들어가면

두 번 다시 나올 수 없는 우주의 구멍' 등 달리의 그림 못지않은 기묘한 이야기가 기술되어 있었습니다. 게다가 이것은 엉뚱한 이야기가 아니라 과학적 근거가 있는 것 같았습니다. '누구나 알 수 있는'이라는 부제목이 있었음에도 불구하고 초등학생이었던 나는 일반상대성이론을 전혀 이해하지 못했습니다. 그래도 과학의 매력에는 감동했습니다. "우리의 일상을 초월하는 불가사의한 세상이 있고, 우리는 이것을 과학의 힘으로 해명할 수 있다. 이것을 설명하는 거창한 이론이 있고 이것이 확립된 지식으로 여기에 있다."

이 무렵 할머니와 가까운 신사를 찾았을 때 "언젠가 아인슈타인의 일반상대성이론을 이해할 수 있도록 해주세요"라고 기도를 한 적이 있습니다. 과학의 이론에 대한 이해를 신에게 부탁하는 것은 모순된 행동이지만, 그만큼 절실하게 알고 싶다고 생각했습니다.

블루백스의 《맥스웰의 도깨비》도 재미있었습니다. 물리학에 매력을 느낄 수 있었습니다. '영구 기관', 이른바 외부에서 에너지의 공급을 받지 않고 영원히 일을 계속하는 가상의 기관은 없다는 글을 읽고 'ㅇㅇ은 없다'는 것을 이론적으로 증명할 수 있다는 사실에 감동했습니다. 확률을 물리에 사용할 수 있다는 것을 배운 것도 이 책입니다.

쓰즈키 다쿠지의 해설서를 읽고 특별히 매료된 것은 물리학의 법칙은 보편적이며, 우주의 시작에서 미래까지 영원히 변하지 않고 성립한다는 점입니다.

초등학교에 입학하기 전 친할아버지가 돌아가셨을 때, 나는 생명이 유한하다는 것을 알았습니다. 이때의 일을 몇 번이고 기억하면서 죽음이란 다시는 깨어나지 않는 잠이라고 생각했습니다. 할아버지가 돌아가셔도 나 자신은 살아 있는 것처럼 내가 죽어서 의식이 없어져도 세상은 계속될 것이 분명하다는 것을 생각하면서 불가사의한 기분이 들기도 했습니다.

그래서 물리 법칙의 보편성에 매료되었습니다. "나 자신은 유한한 생명이지만 물리 법칙은 내가 태어나기 전부터 앞으로 다가올 세상의 우주의 모든 것을 설명해준다. 이 세상에는 보편적인 법칙이 있고 우리는 그것을 알 수 있다"라는 문장을 보고 물리학 법칙의 보편성이란 멋지다고 생각했습니다.

또 하나, 초등학교 때 지적 호기심을 충족시켜준 책으로, 쇼가쿠칸小学館의 《만유백과대사전万有百科大事典》을 잊을 수 없습니다. 《자포니카》라고도 하는데 이름 그대로 백과사전으로는 드물게 히라가나순이 아니라 장르별 구성이었습니다. 특히 '미술', '철학·종교', '일본 역사', '세계 역사' '물리·수학' 편이 재미있었는데 사전이라기보다는 책처럼 읽었습니다.

자유서방에서 많은 책을 만났다고 했고 책을 훑어보는 '브라우즈'라는 말을 소개했습니다. 이것은 인터넷의 '브라우저'의 어원이기도 합니다. 내가 초등학생 때는 인터넷이 없었기 때문에 백과사전은 흔하지 않은 종합 정보원이었습니다. 그래서 인터넷 대신 백과사전을 브라우즈했던 것입니다. 백과사전의 항목을 읽을 때 그 주변 항목도 보았습니다. 생각하지 못한 항목을 만나면서 지식이 넓어졌습니다. 이런 브라우즈는 구글의 핀포인트 검색과는 차원이 다른 것이라고 생각합니다.

백과사전이라고 하면 2019년에 세상을 떠난 머리 겔만 Murray Gell-Mann 교수의 이야기를 기억합니다. 겔만 교수는 20세기 물리학의 거장이고 소립자와 그 사이에서 작용하는 힘의 분류로 노벨 물리학상을 수상했습니다. 나는 캘리포니아 공과대학교에서 겔만 교수의 연구실을 물려받았기 때문에 겔만 교수가 활약했을 때 대학원생이나 연구원이었던 친구들이 찾아와서 옛날 이야기를 들려주는 일이 있었습니다. 겔만 교수는 《브리태니커 Britannica》 백과사전을 어렸을 때 전부 읽었을 뿐 아니라, 전 항목을 완벽하게 암송했다고 합니다. 같이 점심을 먹으면서 이야기를 나누다가 어떤 항목에 대해서 "《브리태니커》에는 어떻게 기술되어 있을까?"라고 질문을 하면, 겔만 교수는 그 항목의 전문을 암송할 뿐 아니라 그 앞뒤의 항목이 무엇인지도 기억했다고 합니다.

나도 《만유백과대사전》을 꽤나 읽었습니다. 그러나 겔만 교수를 도저히 따라갈 수 없습니다. 알파벳순의 《브리태니커》처럼 《만유백과대사전》도 히라가나순이었다면 끝까지 읽어내지도 못했을 것이라고 생각합니다.

아르키메데스 원리의 설명을 스스로 생각하다

《만유백과대사전》을 읽고 특별히 재미있었던 것은 '세계 역사'와 '물리·수학' 편에 등장하는 고대 그리스의 과학자와 수학자들의 이야기입니다. 아르키메데스Archimedes가 기술한 지렛대 구조를 응용한 기기나 사이펀siphon의 원리를 이용한 헤론의 분수는 초등학생이라도 집에 있는 것으로 만들어볼 수 있습니다. 직삼각형 변의 길이에 대한 피타고라스 정리의 항목을 읽고 여기에 기술되어 있는 것만이 아니라 다른 증명도 생각해 본 적이 있습니다.

에라토스테네스Eratosthenes가 하지의 정오에 알렉산드리아와 시에네에서 태양이 떨어뜨리는 그림자의 각도를 재고 그 차이를 가지고 지구의 반지름을 가늠한 이야기를 읽은 것도 이 무렵입니다. 주니치 빌딩의 전망대 레스토랑에서 지구의 크기를 생각했을 때, 이미 에라토스테네스의 이야기를 알고 있었는지는 기억하지 못합니다. 어쩌면 이 이야기가 머릿속에 있었는지도 모릅니다.

백과사전의 '물리·수학' 편에는 당시 최첨단의 반도체와 초전도, 그리고 원자핵 물리학과 같은 이야기도 실려 있었습니다. 그러나 초등학생이 실험으로 확인할 수 있는 것이 아니라서 글로 읽을 수밖에 없었습니다. 이에 비해 아르키메데스와 헤론Heron의 실험은 집에서도 간단하게 시도할 수 있는 것이었습니다. 유클리드의 소인수 분해나 피타고라스의 기하학은 논리를 쫓아갈 수 있었습니다. 자신의 머리로 생각하고 납득할 수 있는 고대 그리스의 과학과 수학은 초등학생인 나에게도 즐거운 것이었습니다.

부력과 관련해서도 집에서 할 수 있는 실험이 많이 있습니다. 예를 들어 '떠올라라' 실험이 있습니다. 1리터 정도의 페트병과 도시락에 들어 있는 플라스틱의 작은 간장병, 그리고 간장병 입구를 막을 수 있는 크기의 나사못이 있으면 간단하게 할 수 있습니다. 어린 학생이 있는 집이라면 꼭 해보시기 바랍니다. 간장병이 물고기 모양이라면 '떠올라라' 실험에 딱 어울릴 것이라고 생각합니다.

페트병에 물을 80퍼센트 정도 담습니다. 간장병의 입구 부분에 나사못을 박습니다. 나사못은 낚싯봉으로 사용하는 것이므로 이것이 없다면 철사나 안전핀으로 대체할 수도 있습니다. 간장병 안의 물과 공기의 양을 조절해서 페트병 수면에서 아주 조금 머리가 올라오도록 합니다. 간장병을 넣고 페트병의 뚜껑을 닫아 가운데를 손으로 누르면 간장병이 밑으로 가라앉습니다. 손을 떼면 다시 올라옵니다. 간장병에 낚시 바늘같이 굽은 철사를 붙이고 페트병 바닥에 플라스틱 사슬 같은 것(플라스틱제의 장난감 체인)을 가라앉혀두면 간장병의 낚시 바늘로 플라스틱 체인을 낚아 올리는 놀이도 할 수 있습니다.

백과사전에서 부력에 대해 찾아보면, 아르키메데스 원리에 대한 해설이 있습니다. 크기가 작은 간장병에 작용하는 부력은 간장병이 밀어내고 있는 물의 중력과 같은 크기라는 원리입니다.

이 원리의 설명으로 흔히 볼 수 있는 것은 간장병을 빼내고 간장병이 있었던 곳에 물을 담는 것입니다. 이 경우, 물 안에 물이 있기 때문에 뜨지도 가라앉지도 않습니다. 즉 이 부분이 물이라면 부력과 중력이 균형을 이룹니다. 이것이 이해되면 다시 한번 간장병을 가라앉혀봅니다. 부력은 간장병 표면을 물이 밀어내는 힘이므로 물에서든, 간장병에서든 그 작용이 같을 것입니다. 물에 작용하는 부력과 중력은 균형을 이루기 때문에 간장병에 작용하는 부력과 물에 작용하는 중력의 크기가 같다는 것입니다.

아주 멋진 설명입니다. 저명한 수리물리학자인 토다 모리카즈戸田盛和가 주변에 있는 장난감을 과학자의 눈으로 고찰한 명저《장난감 세미나》의 '떠올라라' 장에서도 "이 설명은 대단히 고상하다"라고 기술하고 있습니다.

나는 그 설명을 이해하기는 했지만 마음에 들지는 않았습니다. 부력이 어떻게 만들어지는 것이고, 이것이 어떤 구조로 물의 무게와 같아지는지에 대한 근본적 물음에는 답을 하지 않았기 때문입니다. 마음 깊은 곳에서부터 "알았다"라고 말하고 싶었던 나는 다른 설명을 생각해보았습니다.

물에 가라앉는 물체에 작용하는 힘으로는 지구가 물체를 끌어당기는 중력과 물이 물체의 표면을 밀어내는 수압밖에 없습니다. 그러므로 표면에 걸리는 수압을 전부 더한 것이 부력이 될 것입니다.

어떤 사실을 이해할 때에는 간단한 설정에서 시작하는 것이

'물리학의 방법'입니다. 간장병은 모양이 복잡하니 모양이 간단한 주사위로 바꾸어서 생각해봅시다. 주사위를 위아래의 면이 수평이 되도록 물에 가라앉혔다고 합시다. 수직면에 작용하는 수압은 전후좌우 소멸되므로 윗면과 아랫면의 수압만 생각하면 됩니다. 수압은 물의 깊이에 비례해서 커지므로 아랫면에 작용하는 수압은 윗면보다 셉니다. 수압은 물의 무게가 원인이기 때문에 상하의 수압의 차이는 주사위의 부피와 꼭 같은 양의 물의 무게가 됩니다. 이것이 부력으로 작용함으로써 부력은 '주사위가 누르고 있는 물의 무게'라는 것을 알 수 있습니다.

이것으로 아르키메데스의 원리를 완벽하게 이해했습니다. '물체를 물로 대체한다'는 교묘하고 우아한 설명보다 부력의 구조를 본질적으로 이해할 수 있었다고 생각했습니다.

주사위가 수평으로 가라앉아 있을 때의 부력은 이것으로 설명할 수 있습니다. 그러나 복잡한 여러 모양의 물체에 대해서는 어떻게 해야 할까요? 이를테면 물고기 모양의 간장병에 작용하는 부력과 간장병이 누르는 물의 무게가 같은 것은 무엇 때문일까요? 이것을 설명하기 위해서는 고등학교 수학에 등장하는 미분에 대한 지식이 필요합니다. 어떤 모양의 물체라도 잘게 나누어서 입방체의 모양으로 생각하면 입방체에 작용하는 부력에 귀착해서 설명할 수 있습니다. 물론 초등학생인 나는 거기까지는 생각할 수 없었습니다. 그럼에도 불구하고 미적분으로 이어질 만한 이야기였다는 것을 알게 된 것과 제 머리로 생각하는 것에 대한 재미를 충분히 느낀 경험이었습니다.

눈은 하늘에서 보낸 편지다

중학생이 되자 '산수'가 '수학'이 되고 공부하는 방법도 달라졌습니다. 《만유백과대사전》의 고대 그리스 수학 항목을 읽었기 때문에 정리를 증명할 때는 엄밀한 논법이 필요하다는 것을 알고 있었습니다. 그러나 기말시험과 같이 정해진 시간에 구체적인 문제를 푸는 것은 잘하지 못했습니다. 그래서 중학교 1학년 때의 수학 성적은 좋지 않았습니다.

수학을 잘한다고 느끼게 된 것은 2학년 때 수학 선생님께서 매주 수학 퍼즐 과제를 내준 다음의 일입니다. 꼭 해야 하는 숙제가 아니라 의욕이 있는 사람은 도전해보라고 했습니다. 풀어서 가지고 가면 꼼꼼하게 첨삭해주셨습니다. 빈칸 채우기와 같이 가능한 조합을 순서대로 대입해보면 풀리는 문제도 있었고 하나의 보조선을 그어야 풀 수 있는 기하학의 문제도 있었습니다. 나는 열심히 풀었습니다. 추상적인 원리를 구체적인 문제에 적용해보면서 다각도로 생각할 수 있었고 수학에 대해 깊게 이해할 수 있었습니다. 어려운 퍼즐을 푸는 것을 통해 문제를 집중해서 생각하는 습관도 생겼습니다.

이 무렵 어린이용 해설서만이 아니라 수학자가 자신의 말로 기술한 책도 읽었습니다. 이 중 나카야 우키치로中谷宇吉郎의 《눈雪》이 기억에 남습니다. 나카야는 1936년 실험실에서 세계 최초로 눈 결정을 합성하는 데 성공한 물리학자입니다. 그가 '홋카이도에서 한 연구의 경과 및 결과를 가능한 쉽게 쓴'

이 책은 1938년 이와나미 신서가 창간될 때, 최초의 20권 중 하나로 출판되었고 이후 오랫동안 베스트셀러가 되었습니다. 1994년에는 나카야의 고향인 이시카와현 가가시에 '나카야 눈 과학관'을 개설했는데, 이때 책이 이와나미 문고에 수록되었습니다. 새로운 글자체로 깔끔하게 다시 편집되고 난 뒤 비로소 나는 이 책을 읽을 수 있었습니다.

이 책의 '눈은 하늘에서 보낸 편지'라는 문구가 워낙 유명해서 들어본 적이 있는 사람도 있을 것입니다. 이 말의 의미는 《눈》을 끝까지 읽으면 알 수 있습니다. 조금 길지만 마지막 장 '눈을 만드는 이야기'의 글을 인용해보겠습니다.

"눈은 상층에서 먼저 중심부가 만들어지고 이것이 지표까지 내려오는 사이 각각의 층에서 각각이 다른 성장을 해서 복잡한 모양이 만들어져 지표에 도달한다고 생각해야 한다. 그래서 눈의 결정형 및 모양이 어떤 조건에서 만들어졌는가를 알면, 결정의 현미경 사진을 통해서 상층에서 지표까지의 대기의 구조를 알 수가 있다. 따라서 자연 상태에서 볼 수 있는 모든 종류의 눈 결정을 인공적으로 만들 수 있다면, 실험실의 측정치로 상층의 기상 상태를 거꾸로 유추할 수 있을 것이다."

이것이 나카야가 '인공 눈' 제작에 도전한 이유였습니다. 나카야는 또 이렇게 말합니다.

"이렇게 보면 눈의 결정은 하늘에서 보낸 편지라고 할 수 있다. 이 편지의 내용은 결정의 형태 그리고 모양이라는 암호로 기록되어 있다. 암호를 해독하는 것이 바로 인공 눈을 연구하는 일이다."

나카야는 결정의 모양이 공기의 온도와 습도에 어떤 영향을 받았는지에 대해 인공 눈 실험으로 밝혔습니다. 이것을 정리한 〈나카야 다이어그램〉은 세계적으로 알려진 업적으로 오늘날에 이르기까지 이 분야의 기초가 되었습니다. 결정의 모양으로 상공의 온도와 습도를 알 수 있는 이 다이어그램은 하늘이 보낸 편지를 해독하기 위한 암호표와 같은 것입니다.

이 책에서 나카야는 무엇을 생각하고 어떻게 연구해서 하늘에서 보낸 편지를 해독해갔는지에 대해 현장감 넘치는 글로 기록하고 있습니다. 당시 그다지 관심을 받지 않았던 눈 분야를 개척한 선구자의 모습을 보고 과학 연구는 멋진 모험이라고 생각했습니다.

현재 내가 책임을 맡고 있는 도쿄 대학교 카블리 수학물리연계 우주연구기구의 본관은 3층에서 5층까지 탁 트인 교류의 광장입니다. 광장의 중심에는 다음과 같은 글을 새긴 기둥이 오벨리스크처럼 서 있습니다.

L'universo é scritto in lingua matematica

"우주는 수학의 언어로 쓰여 있다"라는 의미의 이탈리아어인데 갈릴레오가 《분석자II Saggiatore》에서 기술한 다음의 문구에서 인용한 것입니다. "우주라는 위대한 책을 읽기 위해서는 거기에 적힌 언어를 배우고 문자를 습득해야 한다. 이 책은 수

학의 언어로 기술되어 있다." 갈릴레오의 말에는 나카야의 "하
늘에서 보낸 편지 속에 있는 문구는 결정의 형태 그리고 모양
이라는 암호로 기록되어 있다"와 일맥상통하는 것이 있다고 느
껴집니다. 눈에 대해서든 우주에 대해서든 과학은 자연에서 보
내온 암호를 해독하는 작업입니다.

공부의 세 가지 목표

일본에서 의무 교육은 초등학교 6년, 중학교 3년입니다. 고
등학교를 거쳐 대학교까지 진학하는 경우 16년을 공부합니다.
한 사람 한 사람 이렇게 많은 시간을 투자하는 것이기 때문에
공부의 목표를 생각하는 일은 중요합니다.

유럽과 미국의 교육에는 '리버럴 아츠liberal arts'라는 전통이
있습니다. 이것은 고대 그리스와 로마 시대에 시작된 것인데
리버럴은 자유, 즉 노예가 아니라는 뜻입니다. 리버럴 아츠란
스스로의 생각이나 뜻으로 운명을 헤쳐나가는 일이 허락된 자
유인의 교양을 의미합니다.

리버럴 아츠는 합리적 사고법을 배우는 산술, 기하, 천문
3과목과 설득력 있는 언어로 말하기 위한 논리, 문법, 수사 3과
목에 음악을 더한 7과목으로 이뤄집니다. 즉, 자신의 머리로 합
리적으로 생각하고 이것을 설득력 있는 말로 이야기할 수 있는
것이 자유인의 필요조건이었던 것입니다.

이것을 바탕으로 나는 대학까지의 공부에 다음의 세 가지 목표가 있다고 생각합니다.

1. 자신의 머리로 생각하는 힘을 키운다.
2. 필요한 지식이나 기술을 몸에 익힌다.
3. 언어로 전달하는 힘을 키운다.

1과 3의 목표는 리버럴 아츠에서 가지고 온 것이고, 2의 목표는 이것을 위해서 필요한 것이라서 더했습니다.

일본 교육 기본법 제1조에서 교육의 목적은 '인격의 완성'과 '평화롭고 민주적인 국가 및 사회의 형성자로서 필요한 자질을 갖춘, 심신이 건강한 국민 육성'이라고 정의하고 있습니다. 민주주의가 기능하기 위해서는 누군가가 강요하는 결론을 받아들이는 것이 아니라 자신의 머리로 자유롭게 생각하고 판단할 수 있는 국민이 필요합니다. 또한 인터넷 정보의 홍수에 흔들리지 않고 본질을 파악하여 새로운 가치를 창조하기 위해서 스스로 생각하는 힘이 중요합니다. 이것이 내가 생각하는 1의 목표입니다.

수학 공부도 자신의 머리로 생각하는 연습이 됩니다. 수학에서는 권위나 종교에 의지하지 않고 만인이 받아들이는 논리만을 이용해서 진리를 찾아내는 방법을 배우기 때문입니다. 리버럴 아츠에 산술과 기하, 두 과목이 들어가 있는 것도 그 때문이라고 생각합니다.

목표2의 '필요한 지식이나 기술을 몸에 익힌다'는 교육의 목표로서 쉽게 납득할 수 있는 것입니다. 자신의 머리로 생각한다고 해도 지식이 없으면 깊이 생각할 수 없습니다. 또한 졸업 후 직업을 가지기 위해서는 지식과 기술이 중요합니다.

나는 학교에서뿐만 아니라 다양한 책을 통해서 많은 것을 배웠습니다. 인터넷이 없는 시대에는 서점의 여러 지식이 나를 기다리고 있었습니다. 캘리포니아 공과대학교의 교수가 되었을 때, 이 대학교의 교훈이 요한복음에 있는 "진리가 너희를 자유롭게 하리라"라는 것을 듣고 야나가세의 '자유서방'을 떠올렸습니다. 진리를 알게 되면 비로소 스스로의 생각과 뜻을 가지고 운명을 헤쳐나가는 자유인이 됩니다. 자유서방은 이름 그대로 나를 자유롭게 만들어준 장소였습니다.

목표3의 '언어로 전달하는 힘을 키운다'는 일본 교육의 약점입니다. 일본인은 영어를 잘하지 못해서 국제적인 자리에서 손해를 본다고 합니다. 그러나 나는 영어 교육뿐만 아니라 국어를 포함한 언어의 힘을 육성하는 문제를 종합적으로 되돌아봐야 한다고 생각합니다. 이것은 중요한 문제이기 때문에 이 책의 제3부 '언어의 힘을 철저하게 키우는 미국 교육'에서 다시 논의하겠습니다.

이 세 가지는 대학 때까지 공부의 목표입니다. 대학원에 진학하면 완전히 다른 목표가 기다리고 있습니다. 이것에 대해서는 이 책의 제2부 '대학원에서 길러야 할 세 가지 힘'에서 이야기하겠습니다.

여행을 함께 한 '종이책'들

어렸을 때부터 책 속에 살았기 때문에 교토 대학교의 하숙집에는 1000권의 책을 가지고 갔습니다. 이것이 대학원을 졸업할 무렵에는 5000권이 되었습니다. 마음에 드는 책은 몇 번이고 반복해서 읽었기 때문에 이 책에 등장하는 책들은 일본과 미국 대학을 옮겨 다닐 때마다 함께 해서 태평양을 4번 횡단했습니다.

함께 여행을 한 책들의 반은 수학과 물리학 등의 자연과학 전문서이고 나머지 반은 문학과 예술, 철학, 역사, 사회과학 등 문과계열의 책들입니다. 나날이 발전하고 있는 수학과 물리학에서도 오래된 책은 소중합니다. 증명된 수학의 정리나 실험과 관측에 의해 검증된 물리학의 이론은 미래에도 부정되는 일이 없이 계속 진보의 토대가 되어서 남기 때문입니다. 이를테면 뉴턴 역학의 근간은 17세기부터 똑같고 지금도 자연의 진실한 측면을 보여주고 있습니다. 수학과 물리학에서 고전으로 인정을 받고 있는 책을 읽다보면, 최근 교과서에는 기술되어 있지 않은 깊은 통찰을 만나기도 합니다.

최근에는 미니멀 라이프를 지향하면서 책들을 정리하고 전자책도 이용하고 있습니다. 캘리포니아에 살고 있어도 읽고 싶은 일본책을 언제라도 손에 넣을 수 있는 것은 편리하고, 여행을 할 때 많은 책을 가지고 가도 짐이 되지 않는 것은 고마운 일입니다. 그러나 페이지를 넘기면서 정보를 찾고 몇 권의 책을 동시에 펼쳐서 비교하는 일은 종이책이 더 훌륭합니다.

디지털 네이티브 세대인 우리 딸도 무거운 교과서를 몇 권이나 가방에 넣고 다닙니다. 미국 동해안의 기숙학교 필립 엑세스 아카데미에 입학했을 때 수업에서 사용하기 위한 태블릿 PC를 구입하라는 연락을 받았습니다. 그런데 1년을 사용해보니 그다지 도움이 되지 않아서 이듬해부터 사용하지 않게 되자, 무리하게 구매를 해야 했던 학부모들이 분노한 일도 있었습니다.

사람의 말은 노트에 필기를 하면서 들으면 머리에 쏙 들어옵니다. 상대의 얼굴을 보고 귀로는 이야기를 들으면서 손을 움직이면, 하나의 정보가 다양한 채널을 통해서 머리에 들어와 생각이 정리되기 때문입니다. 다음 장인 '프로베니우스 정리와 소바'의 절에 등장하는 프로베니우스 정리의 증명을 지금도 기억하는 것은 한겨울 마이바라역의 추위와 설경 그리고 역의 한구석에 서서 먹은 소바의 향과 맛이 하나로 이어져 있기 때문입니다. 마찬가지로 책이란 활자의 디지털 정보의 집합만이 아닙니다. 종이책에서는 양장, 삽화, 종이의 촉감도 중요합니다. 몇 번 읽은 책은 손에 잡는 것만으로도 어디에 무슨 글이 있는지 기억합니다.

종이책은 오랫동안 보존할 수 있습니다. 수년 전 우리 집 근방의 헌팅턴 도서관에서 아르키메데스 기획전이 있었습니다. 기원전 3세기에 아르키메데스가 수학의 적분 방법을 에라토스테네스에게 해설한 편지는 로마 제국 붕괴 후 비잔틴 제국으로 전해졌고 십자군의 콘스탄티노플의 약탈로 행방불명이 되었는데 지금부터 20년 전 크리스티즈Christie's 경매에 나타났습니다. 이것을 익명의 독지가가 손질해서 본모습을 찾았습니다. 헌팅턴 도서관에서 전시를 보고 있으니 초등학생 때 《만유백과대사전》으로 이름을 알고 지금도 매일같이 연구에 사용되고 있는 적분의 방법을 발견한 아르키메데스가 2300년의 시간을 넘어 말을 걸어오는 것 같았습니다.

나처럼 수학이나 물리학을 연구하는 사람은 2300년 전에도, 현재에도 또한 우주의 어디에서도 성립하는 진리의 발견을 목표로 합니다. 이것이 언젠가 인류에 도움이 되기를 바랍니다. 그래서 연구 성과가 미래 세대에 확실하게 전달되기를 희망합니다. 수학이나 물리학에서는 전자 논문 아카이브가 연구 발표의 표준이 되어서 세계 어디에서도 최신 연구 성과를 손에 넣을 수 있습니다. 그러나 현재 사용되고 있는 데이터 형식이 수 세대 후에도 해독이 가능하다는 보장은 없습니다. 또한 전 세계 데이터 센터의 전력 소비가 총전력의 1퍼센트나 된다고 합니다. 지속 가능한 기록 매체로는 아직도 종이책을 능가하는 것이 없다고 생각합니다.

2장

생각하는 방법을 단련하다

입시를 위해 만난 고대 철학자들

중학교 때는 집중해서 공부하는 습관을 익혔고 학원을 다니지 않았기 때문에 고등학교에 입학해서도 학교 공부를 하는 것 외에는 시간이 많았습니다. 그래서 다양한 책을 손에 잡았습니다. 철학서를 읽게 된 것은 입시를 위해서였습니다.

내가 대학 입시를 치르기 한 해 전에 공통 제1차 학력 시험이 시작되었습니다. 일본 국공립대학교 입학 지원자를 대상으로 전국에서 일제히 실시하는 기초 학력 시험입니다. 갓 시작된 제도라서 우리 학년은 우왕좌왕 준비를 했었는데, 사회 과목 중 '논리·사회'가 점수를 잘 받을 수 있다는 소문이 있었습니다. 이 말을 믿고 '논리·사회'를 선택했고 그 교육 과정의 일부인 철학사를 공부하기 시작했습니다.

입시 때문이었지만 많은 철학자를 만난 것은 좋은 경험이었습니다. 초등학생 때부터 《만유백과대사전》을 통해서 아르키메데스와 같은 고대 그리스 과학자들의 이름을 알고 있어서 고대 그리스 철학자들이 낯설지 않았습니다. 그래서 고대 그리스의 철학부터 시작했습니다.

가장 재밌었던 것은 플라톤Platon의 《고르기아스》이었습니다. 당시 아테네는 민주정을 채용하고 있어서 '소피스트'라고 불리는 사람들이 활약하고 있었습니다. 소피스트는 사람들을 설득하는 변론술이 뛰어난 자들인데 고르기아스도 그중 한 사람입니다. 플라톤의 책에서는 소크라테스가 고르기아스와 그의 제자 폴로스Polos, 정치가 칼리클레스Callicles 등과 이야기를 나눕니다. 철학적인 내용만이 아니라 대화극으로서도 재미있었습니다.

고르기아스는 타인을 설득하는 기술인 변론술이 '자신을 자유롭게' 하고, '타인을 지배'할 수 있으니 '진정한 의미에서 최대로 좋은 것'이라고 주장합니다. 그러나 소크라테스는 이 기술이 악용될 수 있다는 것을 대화 속에서 명확하게 밝힙니다.

후반에서는 칼리클레스가 등장합니다. 그는 강렬한 캐릭터라서 매력적입니다. 마치 아테네 '승자 팀'의 대표 선수와 같은 존재로 "정의란 강자가 약자를 지배하고 약자보다 더 많이 가지는 것이다" 등을 당당하게 말합니다. 이와나미 문고판의 해설에 따르면 칼리클레스의 논리는 "유럽 문학 속에서 배덕자의 입장을 가장 확실하게 말하고 있다"라며, 니체의 사상에도 영향을 미쳤다고 합니다. 현실적 정치를 대표하는 칼리클레스와 철학자 소크라테스의 대결은 읽을 만합니다.

이 책에서 논의되고 있는 '민주주의에서는 선전과 선동의 힘을 어떻게 제어할 것인가?' '전통적 규범이 붕괴된 사회에서 도덕을 어떻게 재건할 것인가?'와 같은 문제는 지금의 문제이기도 합니다.

소크라테스와 칼리클레스 대화의 핵심은 '인생을 어떻게 살아야 하는가?'입니다. 이 물음은 사형 선고를 받은 소크라테스가 억울함을 호소하는 《소크라테스의 변명》에서도 "검토 없이 사는 삶은 인간으로 살 만한 가치가 없다"라는 유명한 말과 함께 등장합니다. 이와나미 문고에서 《소크라테스의 변명》과 짝을 이루는 《크리톤》에서도 소크라테스는 "중요한 것은 단순히 살아가는 것이 아니라 잘 사는 것이다"라고 합니다. 어릴 때부터 친구였던 크리톤이 처형되기 전날 밤 소크라테스에게 탈옥을 권유하자, 소크라테스는 이렇게 말하고 친구의 청을 거절합니다.

내가 초등학교 때 《만유백과대사전》에서 만난 고대 그리스의 과학자들은 이성의 힘으로 자연의 구조를 이해하려고 했습니다. 소크라테스는 아마 그리스에서는 최초로 이 방법을 인간의 삶의 문제로 끌고 들어온 사람이었을 것입니다. 이제까지 종교에서 답을 구하고자 한 문제에 이성의 빛을 비춘 것입니다.

지금으로부터 약 2500년 전 그리스에서는 소크라테스, 중국에서는 공자, 인도에서는 석가모니가 100년이라는 시간을 사이에 두고 짧은 기간에 등장했습니다. 이 세 사람은 모두 이성의 움직임을 관찰하고 이것에 대해서 깊이 생각함으로써 '이 세상에서 우리 인간은 어떤 위치를 차지하고 있는가?' '거기서 우리는 어떻게 살아야 하는가?'를 통찰한 완전히 새로운 스타일의 사상가였습니다. 이제까지의 사상이나 종교는 특정 민족에게만 해당되는 것이었습니다. 이에 비해 소크라테스, 공자, 석가모니는 좁은 지역적 관심을 초월한 인류 전체의 보편적 문제를 생각했습니다.

그들이 거의 같은 시기에 등장한 것은 역사의 수수께끼입니다. 그런데 과학의 연구에서도 동일한 발견이 다른 장소에서 독립적으로 이루어진 경우가 있습니다. 유명한 예로 뉴턴과 라이프니츠Leibniz의 미적분, 다윈과 월리스Wallace의 자연 선택이 동시에 발견되었습니다. 직접적인 교류는 없었지만 그 시대의 문제의식이 공유되었다면, 문제를 푸는 기술이 발전되었을 때 동시다발적으로 발견이 이루어질 수 있었다고 봅니다. 뉴턴과 다윈에는 미치지 못하지만 나도 자신이 중요하다고 생각하는 연구를 마무리 지을 때가 되면 '다른 어딘가에서도 나와 같은 생각을 하는 연구자가 있지 않을까?' 하고 두근거립니다.

소크라테스, 공자, 석가모니의 경우도 비슷합니다. 고대 문명의 중심지인 그리스, 중국, 인도에서 생산 기술의 진보에 따라 생활 향상과 문명 간의 교류가 가능했고, 비슷한 시기에 인류의 보편적 문제를 생각하는 사람들이 등장하는 환경이 만들어졌기 때문이라고 생각합니다.

그 후 그리스 철학의 책이 재미있어서 근대의 철학책도 몇 권 더 읽었습니다.

데카르트가 도달한 진리 탐구의 방법

근대 철학의 아버지라고 불리는 르네 데카르트René Descartes 는 중학교 수학에서 배우는 직교 좌표를 고안한 사람이기도 합 니다. 그 합리적인 사고방식은 자연과학을 공부하는 나에게 친 숙한 것이었습니다.

그의 《방법서설》은 17세기 프로테스탄트와 가톨릭이 다툰 30년 전쟁(1618-1648년)에 종군한 데카르트가 독일 울름 교외 의 마을에 머물면서부터 시작합니다. 아버지의 유산이 있어서 일을 할 필요는 없었고, 지원병으로 입대해서 군대 안에서도 자유로웠습니다. 마을에 머물면서 하루 종일 난로방에 틀어박 혀서 여유롭게 그리고 차분하게 사색을 했습니다. 청년 장교였 던 데카르트는 사색을 마치고 난로방에서 나올 때에는 철학자 가 되어 있었습니다.

《방법서설》에는 데카르트가 자신의 사상을 성장 과정과 함 께 이야기하고 있어서 철학의 고전 중에서는 쉽게 읽을 수 있 는 편입니다.

책 이름에 있는 '방법'이란 진리를 탐구하기 위한 방법이라 는 의미입니다. 출간 당시의 정식 이름은 《이성理性을 올바르게 이끌어 학문에 있어 진리를 탐구하기 위한 방법서설, 그리고 이 방법에 관한 에세이들인 굴절광학, 기상학 및 기하학》으로 굴절광학, 기상학, 기하학에 관한 세 논문의 서문이었습니다. 직교 좌표에 대한 아이디어는 기하학에 관한 논문에 수록되어 있습니다.

데카르트는 어릴 때부터 책을 보며 자랐고, 유럽에서 가장 유명한 학교에서 공부했습니다. 그런데 "여러 사람의 잡다한 의견으로 조금씩 조립되어 크게 살찐 학문은 양식이 있는 한 인간이 태어나면서부터 가진 고유의 힘으로 얻은 단순한 추론보다 진리에 가깝지 못하다"라는 것을 깨닫습니다. 그래서 "세상이라는 큰 책"에서 배우기 위해 네덜란드의 군대에 입대해서 여러 나라를 돌아다닙니다. 이 경험에서 자신이 가진 양식을 기초로 하여 '어둠 속을 홀로 걸어가는 사람처럼 천천히 가자'라는 결의를 합니다.

급기야 데카르트가 도달한 방법은 '명증' '분석' '종합' '열거'라는 네 개의 규칙으로 이루어집니다. 유명한 구절이라 알고 계시는 분도 많을 것입니다.

"첫 번째는 명백한 증거로서 참이라고 인식하는 것이 아니면 그 어떤 것도 참으로 인정하지 말 것"
"두 번째는 내가 음미하는 각 문제를 되도록 많이, 그러면서도 그 문제를 가장 잘 풀기 위해서 필요한 만큼 작은 부분으로 나눌 것"
"세 번째는 내 사상을 차례로 이끌어나갈 것"

"마지막은 모든 경우에 그 무엇도 빠뜨리지 않았다고 확신할 수 있을 만큼 완전히 세세하게 살펴보고 전체적으로 훑어볼 것"

첫 번째의 '명증'에서 말하는 것은 단순히 알았다고 해서 진리라고 생각해서는 안 된다는 것입니다. 나의 앎이 의심할 여지가 없을 정도로 명백해지기 전까지는 진리라고 인정할 수 없습니다. 그리고 이런 높은 수준의 이해에 이르는 방법이 '분석' '종합' '열거' 이렇게 세 가지라고 할 수 있습니다. 우선 사물을 가능한 잘게 나누어서 '분석'하고 그것을 순서대로 '종합'한 다음, 빠뜨린 것이 없는지 낱낱이 확인하라는 것입니다.

데카르트는 수학을 통해서 이 규칙을 만들었습니다. 그는 "기하학자들은 그들이 가장 힘들어하는 증명에 도달하기 위해서 항상 이용하는, 실로 단순하고 용이한 논리의 근거에서 근거로의 긴 사슬은 어떤 일을 계기로 나에게 이런 것을 생각하게 했다"라고 기술하고 있습니다. 즉 수학의 방법을 철학에 적용시킨 것이 《방법서설》의 네 규칙이었습니다. 자연과학을 공부한 나는 이 사고방식을 분명하게 이해할 수 있었습니다.

데카르트는 갈릴레오와 같은 시대의 사람으로 17세기에 과학 혁명을 목격했습니다. 그래서 자연과학에 대해서도 깊은 고찰을 했습니다. 《방법서설》의 제5부에서는 물리학과 천문학뿐만 아니라 화학, 생리학, 심리학까지 논의하고 있습니다.

가령, 인간의 흉내를 내는 기계가 있다면 이것이 진짜 인간이 아니라는 것을 어떻게 판정할 수 있을지에 대한 문제도 다루고 있습니다. 무엇인가를 관찰하는 것으로 지성의 유무를 판정할 수 있을까요? 지능의 판정은 계산 이론에서 중요한 일을 한 앨런 튜링Alan Turing이 1950년에 발표한 논문 〈계산 기계와 지능Computing Machinery and Intelligence〉에서도 거론됐고, 거기서 제안된 방법은 '튜링 테스트Turing Test'로 유명합니다. 인간과 기계를 어떻게 구별할 것인지와 지성을 어떻게 정의할 것인가는 인공지능Artificial Intelligence, AI 기술의 발달로 현실적인 문제가 되었습니다. 데카르트는 이런 문제를 4세기나 앞서 생각했던 것입니다.

그런데 이 책에서도 이해할 수 없는 부분은 있었습니다. 데카르트는 "나는 생각한다. 고로 나는 존재한다"라는 명제를 철학의 제1원리로 하고, 이것에서부터 모든 것을 설명하려고 한 것은 여러분도 잘 알고 있을 것입니다. 여기까지는 이해할 수 있습니다. 그러나 이것을 이용해서 신의 존재를 증명하려고 하는 것은 납득할 수 없었습니다.

데카르트는 "명백하고 분명한 판단을 통해 참이라고 확인된 개념은 모두 참이라는 것이 일반 규칙"이라고 했습니다. 그러나 개념이 있다고 해서 반드시 이것에 대응하는 실체가 있다고는 할 수 없습니다. 만들어진 개념이 홀로 걸어가 생각을 구속해버릴 수도 있습니다. 또한 '명백'이라거나 '분명'이라는 것은 주관적인 것이기 때문에 진리의 판정 기준으로서는 불완전하다고 생각했습니다.

납득되지 않았던 칸트의 《순수이성비판》

납득되지 않았던 철학서라고 하면 고등학교 시절에 읽은 책 중에서는 임마누엘 칸트Immanuel Kant의 《순수이성비판》이 대표적입니다.

칸트는 이 책에서 "나는 무엇을 알 수 있는가?"라고 질문을 합니다. '신은 존재하는가?' '인간은 자유 의지를 가지는가?' '영혼은 죽지 않는가?'라는 문제는 고대 때부터 논의되어 왔습니다. 칸트는 이성의 한계를 확인하는 것으로 인간에게는 이런 문제에 답할 능력이 없다는 것을 논증하려고 합니다. 나는 데카르트가 제시한 신의 존재에 대한 증명을 납득하지 못했기 때문에 칸트가 이런 문제를 어떻게 생각했는지 알고 싶었습니다.

칸트는 형이상학의 기초를 다지기 위해서 '아프리오리 종합판단'이라는 것이 가능하다고 주장합니다. 그리고 수학과 물리학에서 아프리오리 종합판단의 예를 제시합니다. 그러나 이것은 내가 수학과 물리학을 이해한 것과는 달랐습니다.

'아프리오리'는 경험을 바탕으로 하지 않는다는 의미입니다. 이를테면 '수학의 판단은 경험을 바탕으로 하지 않는 것이다'라는 것은 나도 납득할 수 있었습니다.

'종합판단'이란 논의의 전제에 어떤 뜻이 들어 있지 않은 판단을 말합니다. 칸트는 다음과 같이 말했습니다. "수학적 판단은 모두 종합적 판단이다. 이 명제는 논란의 여지가 없을 정도로 확실한 것이고 그래서 아주 중요한 것이다." 그런데 나는

'논란의 여지가 없다' 정도가 아니라 이 주장이 틀렸다고 생각했습니다.

수학적 판단이 종합판단이라는 것을 나타내는 예로, 칸트가 제시한 것 중에는 유클리드 기하학의 정리가 있습니다. 그런데 유클리드 기하학의 정리는 공리로부터 논리적으로 도출된 것입니다. 공리를 바꾸면 삼각형 내각의 합이 180도가 되지 않는 비유클리드 기하학의 정리를 끌어낼 수도 있습니다. 이런 기하학도 있을 수 있다는 것은 기하학의 정리가 종합판단이 아니라는 것을 의미합니다.

또한 칸트는 물리학의 '질량보존의 법칙'이 "필연적인 것이며 이것이 아프리오리로 만들어진 명제라는 것이 분명하다"라고 주장합니다. 그러나 아인슈타인의 일반상대성이론에 따르면 질량은 반드시 보존되지 않고 다양한 형태의 에너지로 전환될 수 있습니다. 질량보존의 법칙은 일상의 세계에서 근사적으로 성립되는 법칙에 지나지 않습니다. 일상생활에서 떨어진, 이를테면 원자폭탄의 폭발이나 블랙홀의 합체와 같은 현상에서는 질량이 보존되지 않습니다. 질량보존의 법칙은 아프리오리가 아니라 우리들의 경험에서 얻은 판단입니다.

나는 초등학생일 때 블루백스의 《과연 공간은 휘어져 있는가》를 읽었기 때문에 비유클리드 기하학의 일반상대성이론을 알고 있었습니다. 이것은 칸트가 죽고 난 다음 명확해진 지식이기 때문에 이것을 가지고 칸트를 비판하는 것은 바람직하지 않습니다. 그러나 칸트는 다음과 같이 말했습니다. "형이상학은 ··· 아프리오리 종합 명제만으로 구성된 것이다. 순수 이성의 본래 '과제'는 '아프리오리 종합판단은 어떻게 가능해지는가?'라는 물음을 밝히는 것에 있다." 또한 "형이상학이 계속 존재할 것인지 아니면 없어질 것인지를 결정하는 것은 바로 이 과제를 해결할 수 있는가에 달렸다" "아프리오리 종합판단이 가능하다"라는 핵심적 주장의 증거로 제시된 수학과 물리학의 예가 모두 잘못된 것은 칸트의 증명에 있어서 치명적이라고 생각했습니다.

철학과 과학의 교류로 탄생한 새로운 세계관

데카르트와 칸트의 저서에는 내가 납득할 수 없는 부분도 있었지만 당시의 과학과 수학의 최신 연구 성과에 대한 지적 호기심과 그것을 자신의 철학에 받아들이려고 하는 적극적인 자세가 느껴졌습니다. 행성의 운동을 설명하는 뉴턴 역학을 필두로 과학의 성공은 근대인에게 세계를 새롭게 보는 방법을 제시했습니다. 데카르트와 칸트의 철학에는 이런 과학적 세계관이 반영되어 있습니다. 거꾸로 그들의 철학은 19세기 열역학과 통계역학, 20세기의 일반상대성이론과 양자역학의 발전에 영향을 미쳤습니다.

이와 비교하면, 현재 철학과 과학의 관계는 소원합니다. 그 이유 중 하나는 '과학자가 발견한 자연계의 법칙이 사회적 구성물에 지나지 않고, 거기에는 사회·문화적 한계를 초월한 객관적 의미가 없다'는 포스트모던 철학의 영향이 있기 때문이라고 생각합니다.

포스트모던 철학의 선구가 된 구조주의 무렵까지는 철학과 과학 사이에 교류가 있었습니다. 예를 들어 클로드 레비스트로스Claude Lévi-Strauss의《친족의 기본구조Les Structures élémentaires de la parenté》에서는 수학의 대수학을 이용해서 오스트레일리아의 선주민인 무른긴족의 혼인 제도를 분석했습니다. 대수학을 이용하는 데는 당시 최고의 수학자 중 한 사람이었던 앙드레 베유André Weil가 협력했습니다. 거꾸로 구조주의의 사고방식은 프랑스 수학자의 집단 '니콜라 부르바키Nicolas Bourbaki'의 활동에 영향을 미쳤습니다. 그러나 이런 수학과 철학의 의미 있는 교류는 구조주의를 발전시켜서 극복하려는 움직임 속에서 사라졌습니다.

한편 과학 분야에서 전문화가 진행되면서 다른 분야와의 교류가 소홀해졌다는 점도 있습니다.

금세기가 되면서 양자 물리학, 소립자 물리학, 우주론 등의 발전은 철학에 새로운 과제를 던지고 있습니다. 과학과 철학의 경계를 초월한 연구 주제는 많습니다.

내가 책임을 맡고 있는 도쿄 대학교의 카블리 수학물리연계 우주연구기구에서는《왜 세계는 존재하지 않는가》등의 저서로 잘 알려진 본 대학교의 철학자 마르쿠스 가브리엘Markus Gabriel의 연구소와 협정을 맺고 철학자들과의 교류를 진행하기도 했습니다. 2019년 가을에 가브리엘 교수가 뉴욕 대학교 객원 교수로 있을 때 교류 협정식을 가졌고, 이후 그리니치 빌리지의 찻집에서 현대 과학의 시점에서 고전 철학의 문제를 다시 묻고 21세기의 새로운 형이상학을 구축하자는 뜻을 모았습니다.

데카르트나 칸트의 시대와 같이 철학과 과학의 교류가 새로운 세계관을 만들고, 이것이 과학의 더 큰 발전으로 이어지기를 기대하는 바입니다.

연구의 가치는 무엇으로 정해지는가

철학서 외에도 수학자와 물리학자의 저서도 몇 권 읽었습니다. 그중에서 특히 큰 영향을 받은 것은 프랑스의 위대한 수학자 앙리 푸앵카레Henri Poincaré의 《과학과 방법Science et méthode》입니다. 이 책의 끝부분에서 푸앵카레는 중요한 질문을 합니다.

"큰 반향을 불러일으키는 발견과 그렇지 않은 발견의 차이는 무엇일까?"

어떤 분야든 다양한 연구가 있지만 누구에게도 읽히지 않고 묻히는 논문이 있는 한편 새로운 학문 분야를 낳고 더 나아가 사회 그 자체를 변혁시키는 강한 영향력을 가진 논문도 있습니다. 그 차이는 대체 어디에 있는 것일까요?

연구자에게 충격적인 질문일 뿐만 아니라 과학자를 동경하는 고등학생에게도 아주 흥미로운 주제였습니다. 만약 과학자가 된다면, 어떤 연구를 해야 할까요? 어떤 연구가 가치 있는 연구일까요? 어떻게 해야 큰 반응이 있는 연구를 할 수 있을까요?

발견의 가치에 대해서 푸앵카레는 이렇게 비교를 합니다.

"특정 사실 외에는 어떤 것도 알려주지 않고 어떤 새로운 것도 만들어내지 않는 발견이 있다. … 이에 반해 그 하나하나가 새로운 법칙을 가르쳐 커다란 반향을 불러올 수 있는 발견이 있다. 연구자가 선택을 해야 한다면 후자와 같은 발견을 선택해야 한다."

그리고 다음과 같이 말합니다. "이런 방향으로 과학이 발전해가면, 이들을 연결시킬 수 있는 것이 보다 선명하게 드러난다. 보편적인 과학의 지도 전체가 보이는 것이다."

학문이 진보하면 분야가 나뉘고 전문화됩니다. 이렇게 세분화된 분야 사이에서 새로운 연결고리를 찾을 수 있는, 힘 있는 발견이 큰 반향을 불러온다는 말입니다. 즉 푸앵카레는 보편적 법칙을 찾는 것에서 과학의 가치를 발견합니다. 보편성이 있는 발견은 폭넓은 분야에 영향을 미치고, 그들의 발전을 촉진해서 과학 전체에 큰 공헌을 할 수 있기 때문입니다.

푸앵카레는 이것을 "물이 솟아올라 네 개의 분지로 흘러내리는 스위스의 생고타르산맥"과 같은 것이라고 했습니다. 보편성이 뛰어난 발견은 분야를 초월해서 퍼져나갑니다. 구글 검색에서는 많은 웹사이트와 연결된 페이지가 상위에 표시됩니다. 연구도 보다 폭넓은 분야와 연결되는 보편성이 높은 발견이 가치가 있습니다.

나는 늘 이런 푸앵카레의 생각을 마음속에 새기고 있습니다. 새로운 연구 주제를 정할 때, '이 프로젝트에는 보편적 가치가 있는가?' '보다 넓은 분야에 영향을 미칠 수 있는가?'라는 식으로 스스로에게 질문을 던집니다. 나는 과학자로서 큰 반응을 얻을 수 있는 연구를 하기 위해서는 이와 같은 자세가 요구된다는 것을 푸앵카레에게 배웠습니다.

물리학·수학의 역사에서 배운 것

입시를 위해서 '논리·사회'를 공부해야 했고, 그 덕에 여러 철학자의 생각과 만난 것은 좋은 일이었습니다. 그러나 점수를 받기 어렵다는 이유로 세계사를 멀리한 것은 후회합니다. 역사로부터 배울 수 있는 것이 많기 때문입니다. 세계사를 선택하지 않았지만 고등학교 시절 역사책을 많이 읽었습니다. 여기서는 그 가운데에서 물리학과 수학의 역사에 관한 책을 소개하겠습니다.

물리학사에서는 도모나가 신이치로朝永振一郎의《물리학이란 무엇인가》를 말씀드리고 싶습니다. 도모나가는 돌아가시기 직전인 1979년까지 이 책을 집필했습니다. 두 권으로 이뤄진 이 저술의 하권은 안타깝게도 미완성입니다. 두 권 모두 내가 고등학교 3학년 때 출판되었습니다.

뉴턴이 운동 방정식과 만유인력의 법칙 등으로 역학을 정식화한 뒤 2세기 동안 물리학의 주된 과제는 행성의 움직임 등으로 대표되는 '물체의 운동'을 설명하는 것이었습니다.

물리학은 '기본 원리로 되돌아가서 생각한다'는 방법을 이용해서 모든 자연 현상을 설명하려고 합니다. 19세기가 되자 '열 현상'의 이해가 물리학의 중요한 문제로 부상했습니다. 그 배경에는 산업 혁명이 있었습니다. 증기 기관을 보다 효율적으로 이용하기 위해서는 어떻게 해야 할지와 같은 문제나 제철 공장에서 열을 가한 철의 색이 온도에 따라 바뀌는 이유는 무엇인지 등의 문제를 풀기 위해 물리학자들은 기본 원리로 돌아가서 생각하려고 했습니다.

그러기 위해서는 '열'이나 '온도'라는 일상의 개념을 다시 생각해야 했고, 또한 '엔트로피entropy'라는 새로운 개념도 필요했습니다. 열 현상을 미시적인 분자의 측면에서 설명하기 위해서 통계역학이라는 새로운 학문 분야도 탄생했습니다. 도모나가의 《물리학이란 무엇인가》의 하권 제3장 '열의 분자 운동론 완성의 고뇌'에서는 열 현상을 둘러싼 19세기 물리학자들의 고군분투가 명확하고 현실감 있게 기술되어 있습니다. 마지막 장은 1978년 11월 22일 병실에서 구술로 이루어진 '21세기로 들어가는 입구'로 끝이 납니다.

도모나가가 마지막 장에서 말한 19세기 열역학의 발달은 20세기 양자역학의 탄생과 이어집니다. 실제 양자역학의 단서를 잡은 것은 열역학의 대가였던 막스 플랑크Max Planck였습니다. 1900년도의 일입니다.

수학의 명저로는 다카기 데이지高木貞治의 《근대 수학 역사 이야기》를 추천합니다. 일본 근대 수학의 창설자라고 불리는 다카기 데이지가 졸업한 구제 기후현 심상 중학교는 내가 졸업한 기후 고등학교의 전신입니다. 기후 고등학교의 도서관에는 다카기 데이지의 흉상이 있었습니다. 졸업생 중에는 국회 의원 등 유명한 정치가들이 있었음에도 자랑스러운 졸업생으로 수학자의 흉상이 자리하고 있다는 것에 대해 기쁘게 생각합니다.

이 책에는 19세기 수학의 역사, 특히 타원 함수의 이론을 둘러싼 카를 구스타프 야코프 야코비Carl Gustav Jakob Jacobi와 닐스 헨리크 아벨Niels Henrik Abel의 경쟁이 생생하게 그려져 있습니다. 타원 함수는 초끈이론superstring theory의 연구에도 가끔 등장합니다. 아벨과 야코비가 타원 함수를 연구한 배경을 알게 되어 함수를 친근하게 느낄 수 있게 되었고 나의 연구에도 도움이 되었습니다.

에릭 벨Eric Bell의 《수학을 만든 사람들》도 재미있는 책입니다. 이 책을 접하고 수학자의 길을 걷게 되었다는 저명한 수학자도 있습니다. 단 지나친 서비스 정신이 발휘된 것인지 사실이 아닌 이야기들도 있어서 문헌으로서는 그다지 신뢰할 수 없는 책입니다.

물리학과 수학의 역사를 배운 것은 그 후의 연구에도 도움이 되었습니다. 그러나 역사에서는 잘못된 교훈을 끌어내지 않도록 주의할 필요도 있습니다.

이것에 관해서는 지금부터 10년 정도 전에 읽은 책을 한 권 소개하고 싶습니다. 역사학자 가토 요코加藤陽子가 고등학생을 대상으로 한 강의록《그럼에도 일본인은 전쟁을 선택했다》입니다. 고등학생을 위한 교육적 배려로 본론에 들어가기 전에 '왜 역사를 배워야 하나?'와 '역사의 지식을 어떻게 이용해야 하나?'를 논의하는데, 거기에서는 역사를 오용한 예로 다음의 사례를 소개합니다.

- 러시아 혁명 때, 볼셰비키는 트로츠키가 아니라 스탈린을 지도자로 선택했다. 그 이유는 프랑스 혁명이 나폴레옹이라는 군사적 카리스마의 등장으로 변질되었다는 역사를 배웠기 때문이다.
- 야마가타 아리모토山県有朋가 세이난 전쟁에서 사이고 다카모리西鄉隆盛와 겨뤘던 경험을 통해 군사와 정치 지도자를 나눌 필요가 있다고 생각하여 통수권의 독립을 주장하였고, 이는 곧 군이 폭주하게 된 원인이 되었다.
- 미국이 베트남 전쟁에서 빠져나오지 못한 것은 제2차 세계대전에서 함께 일본과 싸운 중국이 전후에 공산화가 되는 상실을 체험했기 때문이다.

과거를 잘못 이해하면 중요한 판단을 할 때에 잘못된 유추를 할 수 있기 때문에 역사를 보다 넓게 배우고 깊게 생각하는 것이 중요하다고 말합니다.

철학과 역사가 중요한 이유

고등학교 시절, 인문 계열의 철학과 역사에 관한 책을 많이 읽었습니다. 철학과 역사는 둘 다 자연과학과 깊은 관계가 있는 학문입니다.

실험이나 관찰을 기초로 가설을 세우고 가설을 검증하며 확실한 지식을 쌓아나가는 과학의 절차가 확립되어 널리 사용된 된 것은 근대 이후의 일입니다. 근대 이전의 자연에 대한 연구는 '자연 철학nature philosophy'과 '자연사nature history'라는 두 접근법이 있었습니다.

이를테면 뉴턴이 역학의 체계를 발표한 《자연 철학의 수학적 원리》라는 저서가 있는데 제목에 철학이라는 단어가 들어있는 것은 자연을 관찰하는 것만이 아니라, 현상의 원인과 구조 배후에 있는 원리를 탐구한다는 의미가 있기 때문입니다. 그래서 기본 원리에 따른 통일된 이해를 지향하는 물리학에서는 19세기 이후 자연 철학이라는 호칭을 가끔 사용하고 있습니다.

뒤에 등장하는 나의 친구 캄란 배파Cumrun Vafa는 하버드대학교 물리학과의 '수학 및 자연 철학 홀리스 교수'입니다. 1727년에 만들어진 이 직책은 미국에서 자연과학과 관련된 가장 오래된 교수직이라고 합니다. 직함에 '수학·자연 철학'이라는 말이 들어 있지만, 수학자와 물리학자가 역임해왔습니다. 설립 당시 물리학을 자연 철학이라고 한 흔적이라고 할 수 있습니다.

자연의 통일적 이해를 지향하는 자연 철학에 비해 자연사는 관찰로 자연에 관한 지식을 수집하는 걸 목표로 합니다. 예를 들면 '내추럴 히스토리 뮤지엄natural history museum'이라고 하면 동물, 식물, 광물 등의 표본 전시에 중점을 둔 과학 박물관을 의미합니다.

히스토리는 역사라고 번역되는데, 과학 박물관을 '내추럴 히스토리 뮤지엄'이라고 하는 게 이상하지 않나요? 실은 히스토리는 스토리와 어원이 같습니다. 둘 다 그리스어 '이스토리아 istoria'에서 나온 것입니다. 원래는 '사물의 기록이나 기술'이라는 넓은 의미였지만 15세기경부터 '과거의 사건'으로 한정해서 사용하게 되었습니다. 한편 '히'가 생략되어서 단축형이 된 것이 '스토리'입니다. '자연의 모습을 기록하고 기술하는 학문'인 자연사는 고대 그리스 시대부터 있었으므로 히스토리 원래의 의미에 따라 '내추럴 히스토리'라고 합니다.

이렇게 관찰을 통해서 자연의 다양한 모습에 대한 지식을 쌓아가는 것이 자연사이고, 그 다양한 자연 현상을 통일적으로 설명하는 기본 원리를 탐구하는 것이 자연 철학입니다.

자연사가 지향하는 다양성과 자연 철학이 지향하는 통일은 과학의 진보를 이끄는 두 개의 큰 방향이 되었습니다. 이를테면 생물학은 다양한 생물의 고유한 성질을 연구하는 자연사적 경향이 강한 학문입니다. 그러나 유전자 정보가 DNA에서 단백질로 전해지는 구조를 설명하는 '분자 생물학의 중심 원리'는 세균에서 인간까지 포함하는 기본 원리입니다. 한편 물리학은 기본 원리로 되돌아가서 생각한다는 연구 기법 때문에 자연철학의 통일성을 계승하기는 어려운 학문입니다. 그럼에도 여러 물질의 성질을 연구하는 물성 물리학처럼 자연 현상의 다양성을 소중히 하는 분야도 있습니다.

내가 교편을 잡고 있는 캘리포니아 공과대학교에는 일찍이 20세기 후반부터 소립자 이론을 이끈 두 명의 위대한 이론 물리학자가 있었습니다. 한 명은 백과사전의 에피소드에 등장했던 겔만이고 다른 한 명은 나중에 소개할 리처드 파인만Richard Feynman입니다. 겔만은 《브리태니커》 백과사전 전권을 암기하고 소립자와 그 사이에 작용하는 힘을 분류해 노벨 물리학상을 수상한 것을 통해서 알 수 있듯 견문이 넓고 지식이 풍부하며 자연계의 다양성을 소중히 하는 사람이었습니다. 그가 직접 그와 같은 말을 나에게 한 적도 있습니다. 한편 전자기의 이론과 양자역학의 종합을 완성시킨 업적으로 노벨 물리학상을 수상한 파인만은 기본 원리를 지향하는 과학자였습니다. 두 사람은 같은 학과에 있었지만 연구 스타일이 전적으로 달랐습니다.

철학과 역사는 지적 탐구에 있어서 두 개의 중요한 접근법을 대표한다고 생각합니다. 고등학교 때 이 두 분야의 좋은 책을 많이 만나게 된 것은 행운이었습니다.

로마 황제의 가르침

고등학교 시절에는 문학 작품도 많이 읽었습니다. 그중 하나가 마루야 사이이치丸谷才一의 아쿠타가와상 수상작 《연말》입니다. "세어보니 올해도 얼마 남지 않았다. 나이를 먹는 것보다 슬픈 일은 없다"라는 이즈미 시키부和泉式部의 와카和歌로 시작되는 단편 소설입니다.

이 작품에 등장하는 도시의 전문직 사람들의 지적이고 세련된 대화가 시골 고등학생이었던 나에게는 매력적으로 느껴졌습니다. 의사인 우에하라는 기원 후 2세기 로마 황제이자 스토아 학파의 철학자이기도 했던 마르쿠스 아우렐리우스Marcus Aurelius의 《명상록》을 애독하고 있었습니다. 영문학자인 우오사키가 우에하라에게 "너는 스토이크잖아"라고 놀리면서 추천한 책이었습니다. '스토이크stoik'는 스토아 학파의 금욕적 철학에서 유래된 단어입니다.

로마 제국의 '황금의 세기'라고 할 수 있는 오현제五賢帝 시대의 마지막을 장식하는 아우렐리우스의 치세는 기근과 역병, 야만족의 침입 등 계속되는 위기로 '제국의 멸망이 시작된 시기'라고 불리기도 합니다. 그래서 아우렐리우스는 좋아하는 학문을 여유롭게 즐길 수 없었지만, 전쟁터에서 전쟁터로 이동하는 사이에 머리에 떠오르는 것을 기록했습니다. 이것이 《명상록》입니다.

이 소설 안에서 마루야는 《명상록》에서의 한 구절을 인용합니다.

"어제는 한 방울의 정액, 내일은 미라 아니면 재, 그러니 이 지상에서의 잠깐의 순간을 '자연'의 의지대로 살고, 이윽고 조용히 쉬는 것이 좋다. 마치 잘 익은 올리브의 열매가 자신을 낳은 대지를 축복하고, 자신을 열매 맺게 한 나무에 감사하면서 떨어지는 것과 같이"

이 문단이 인상적이어서 아우렐리우스의 《자성록》을 읽어보았습니다. 마루야는 《명상록》이라고 했는데, 사실은 같은 책입니다. 이와나미 문고본에서는 정신과 의사이자 수필가로도 알려진 가미야 미에코神谷美惠子가 원어인 그리스어에서 번역했습니다. 거기에는 다음과 같은 말이 있습니다.

"사람을 괴롭히는 많은 문제는 세상을 있는 그대로 보지 않는 것에서 생긴다."
"자연의 법칙을 받아들이고 자신의 이성에 따라서 지금 이 시간을 살아야 한다."
"우주가 무엇인지를 모르는 사람은 자신이 어디에 있는지를 모른다."

나는 과학의 방법으로 세계를 이해하려고 했기 때문에 이런 말들이 마음에 와닿았습니다. 철학사를 다루는 주요 책들은

"스토아 학파의 충실한 학생이었지만 아우렐리우스가 사상적으로 새롭게 공헌한 것은 없다"라고 평가합니다. 그러나 반복되는 위기에 노출되었던 로마 제국을 유지하고 이것을 지키기 위해 전쟁으로 세월을 보내며 그가 기록한 말에는 설득력이 있었습니다.

나는 어릴 적 할아버지가 돌아가셨을 때부터 '죽음'을 생각하지 않은 적이 없었기 때문에 이런 말들에 관심이 많았습니다.

"하나하나의 행동을 일생의 마지막 일인것처럼 하라"라는 말은 기원전 1세기 라틴 문학 황금기의 시인 퀸투스 호라티우스 플라쿠스Quintus Horatius Flaccus의 "내일을 믿지 말고 오늘을 잡아라"라는 유명한 말과도 일맥상통합니다.

또한 자기 계발에 관한 이런 말도 있습니다. "가장 좋은 복수의 방법은 나까지 같은 행동을 하지 않는 것이다."

아마도 그렇게 말할 만한 경험이 있었나 봅니다.

이처럼 로마 황제가 20세기 후반 일본에 살던 한 고등학생에게 몇천 년이라는 시간을 초월해서 말을 전할 수 있으니 책은 참으로 멋진 것이라고 생각합니다.

수험 참고서의 명작들

고등학교 시절에 만난 수험 참고서 중에서도 명작으로 기억되는 것이 몇 가지가 있습니다. 하나는 월간지《대학을 위한 수학》과 그 증간호로 간행된 《해법의 탐구》입니다. 이 잡지는 도쿄출판의 창업자인 구로키 마사노리黒木正憲가 수험 정보가 부족한 지방 학생들을 위해서 직접 편집과 집필을 맡아서 창간했습니다. 고교 수학을 종합적으로 재검토해서 입시에도 도움이 되면서, 수학 그 자체에 흥미를 가질 수 있도록 한다는 높은 뜻을 가진 잡지입니다. 필즈상Fields Medal을 수상하고 국제수학연맹의 총재도 역임했던 위대한 수학자 모리 시게후미森重文도 이 잡지의 애독자였습니다. 그가 고등학생일 때 이 잡지가 매월 출제하는 '학력 콘테스트'와 '숙제'의 성적 우수자 리스트에 항상 이름이 올랐습니다. 모리 시게후미는 다음과 같이 말합니다. "철저하게 생각하는 법을 배웠습니다. 지금도 깊이 생각하지 않으면 수학은 재미없습니다. 《대학을 위한 수학》에서 배웠기 때문입니다."*

나와 같은 시골 고등학생에게 수준 높은 수학을 접할 수 있는 기회를 준 것은 고마운 일이었습니다. 수학을 '안다'는 것이 어떤 것인지를 이 잡지를 읽으면서 몸으로 익혔습니다. 이를 통해 데카르트가 "명백한 증거로서 참이라고 인식하는 것이 아니면 그 어떤 것도 참으로 인정하지 말 것"이라는 문장으로 《방법서설》을 시작한 이유를 실감할 수 있었습니다.

앞서 이야기한 바와 같이 사물을 이해하는 방법은 하나가 아닙니다. 대강을 기술하는 설명도 있고 보다 본질에 다가간 설

---

* 아시히 신문 1996년 9월 9일 석간

명도 있습니다. 본질에 다가가기 위해서는 자신의 이해 수준을 높게 설정해야 합니다.

미국에서는 밤거리를 걷고 있는데 누군가가 권총을 들이대고 "이 문제 푸는 방법을 말해보라"라고 했을 때 바로 답을 할 수 있을 정도가 아니면 정말 이해하고 있는 것이 아니라는 아주 위험하면서도 웃지 못할 이야기도 있습니다. 예컨대 여러분은 직각 삼각형에 대한 피타고라스의 정리에 대해서 중학교에서 배운 증명을 기억하나요? 필자의 저서《수학의 언어로 세상을 본다면》의 6장에서 이 정리를 "한 번 보면 평생 잊어버리지 않는" 증명이라고 설명했습니다.

다카다 미즈호高田瑞穂의《신석 현대문》도 고등학교 시절 즐겁게 읽은 수험 참고서입니다.

국어 과목의 입학 시험 문제에서는 "본문에서 말하고 싶은 것을 보기의 ①~④ 중에서 하나를 고르시오"라는 질문이 자주 등장합니다.《신석 현대문》에서는 이런 부류의 문제를 설명하기 위해서 "현대문이란 어떤 의미에 있어서 현대의 필요에 답을 하는 표현"이라고 정의합니다. 그리고 이것을 읽어나가기 위해서는 저자의 문제의식이 무엇인지를 이해할 필요가 있다며 이야기를 시작합니다. 현대의 필요에 답을 하는 표현인 이상, 문제의식의 전제에는 '근대정신'이 있습니다. 근대정신을 지지하는 것은 인간주의, 합리주의, 인격주의라는 세 기둥입니다. 따라서 현대문을 읽을 때 근대정신의 세 개의 기둥에 뿌리를 둔 저자의 문제의식을 이해하려고 하면, 저자가 그 문장에서 무엇을 말하고자 하는지 자연스럽게 알게 된다고 설명합니다.

수험 참고서는 아니지만 같은 시기에 읽은 프랑스 철학자 오모다카 히사유키澤瀉久敬의 《스스로 생각한다는 것》도 근대정신의 기둥인 합리주의의 소중함을 똑바로 말하고 있습니다. 더불어 데카르트의 《방법서설》에 대해서도 친절하게 설명하고 있습니다.

다카다나 오모다카는 서양의 근대정신에 대해 조금의 의심도 없었습니다. 그들처럼 20세기 중반의 지식인들은 다음과 같이 반성하고 있습니다. "전쟁 전 합리성에 대한 일본의 이해는 천박하고 또한 철저하지 않은 것이었다. 그래서 일본은 무모한 침략과 패전으로 이어졌다." 그래서 근대정신을 제대로 배워야 한다고 결의했던 것일까요? 포스트모던 철학을 계승한 현재에서 보면 가련할 정도로 순수한 자세입니다. 근대정신에 대한 이런 순수하고 진실한 자세가 전후 일본 번영의 기초가 되었다고 생각합니다.

의학부가 아니라 이학부, 도쿄 대학교가 아니라 교토 대학교

지금까지 고등학교 시절에 읽은 책을 소개했습니다. 그렇다고 혼자서 책만 읽은 것은 아닙니다. 좋은 선생님과 많은 친구들을 만나서 즐거운 시간을 보낸 학창시절이었습니다. 이 가운데 졸업하고 30년이 지나서 의외의 장소에서 재회한 한 친구를 소개하겠습니다.

2008년 노벨 물리학상은 난부 요이치로南部陽一郎, 마스카와 도시히데益川敏英, 고바야시 마코토小林誠 3명이 수상했습니다. 또한 노벨 화학상 수상자 중 한 사람도 일본인인 시모무라 오사무下村脩였습니다. 이에 이와나미 서점의 잡지《과학》에서는 2009년 신년호에 '노벨상과 학문의 계보 - 일본 과학과 교육'을 제목으로 특집을 마련했고 나는 노벨 물리학상의 의미에 대해서 해설하는 기사를 쓰기로 했습니다. 이런 기사를 쓰게 된 것을 영광으로 생각하고 '소립자 물리학 50년'이라는 야심찬 주제를 가지고 기고했습니다.

이듬해 캘리포니아에 전달된 특집호를 보니 노벨 화학상 해설 기사에도 비슷한 내용의 글이 있었습니다. "빛 혁명을 향한 반세기"라는 주제였는데 필자가 미야와키 아쓰시宮脇敦史였습니다. 설마하면서 읽어봤더니, 역시 고등학교 동창이었습니다. 같은 특집호에서 각 분야의 노벨상 해설 기사를 쓰는 일은 반가운 우연이었습니다.

미야와키 박사는 기후 고등학교를 졸업하고 게이오 대학교 의학부에 진학해서 2008년 노벨 화학상 수상 대상이 된 '녹색 형광 단백질green fluorescent protein' 연구를 발전시켜서 체내에서 일어나는 여러 생명 현상을 형광 물질을 이용해서 시각화할 수 있는 기술을 개발했습니다. 현재는 리카가쿠켄큐우쇼理化學研究所(리켄)의 뇌과학종합연구센터 부센터장을 맡고 있으며, 2017년에는 그 업적을 기려 일본 문화계의 영예 문화훈장인 자수포장을 받았습니다. 2012년 리켄의 연구자 회의 총회에서 강연을 할 때, 연구 센터를 찾아서 오랜만에 인사를 나누기도 했습니다.

고등학교 때의 이야기로 돌아가겠습니다. 미야와키 박사처럼 의학부를 목표로 하는 친구가 많았지만, 나는 이학부에 진학하고 싶다고 생각했습니다.

원래 우리 집은 야나가세에서 가게를 경영하고 있어서 가게를 이어가야 한다는 이야기도 있었습니다만, 내가 전혀 관심을 보이지 않으니 부모님은 일찍이 포기한 것 같았습니다. 대학 진학을 하고도 여름 방학이면 고향으로 돌아가 가게를 도왔는데, 아버지는 손님에게 "아들놈이 도움도 안 되는 공부에 흥미가 있어서"라고 자조인지 자랑인지 모를 이야기를 했습니다. 아마도 조금은 아쉬우셨던 모양입니다.

내가 어렸을 때는 기후에 큰 섬유 산업이 있어서 야나가세도 번성했었습니다. 가수 미카와 겐이치의 노래 〈야나가세 블루스〉가 유행했던 것도 이 무렵입니다. 그런데 오키나와 반환 교섭과 동시에 이루어진 미·일의 섬유 교섭으로 인하여 일본 섬유산업연맹은 대미 수출을 규제했고, 이후 내리막길이 보이기 시작했습니다. 교외에 대형 쇼핑몰이 건설되기 시작하자 문을 닫는 점포가 늘어났고, 우리 집도 15년 전에 가게를 접었습니다.

대학 입시가 가까운 어느 날, 외삼촌이 찾아온 적이 있습니다. 무슨 일인가 했더니 진로에 관한 이야기였습니다.

"너는 이학부에 진학할 모양인데, 정말 의학부가 아니라 이학부이니?"예나 지금이나 의학부는 수험생들에게 인기가 많은 학부입니다. 당시 이과계의 성적이 좋은 고등학생은 의학부에 가는 것이 당연한 분위기였습니다. 부모님의 입장에서도 이학부보다 의학부가 안정적이라고 생각했기 때문에 삼촌을 통해서 마음을 확인했던 것입니다. 그러나 기초과학 연구를 하고 싶다는 뜻을 설명하니 삼촌도 이해해주었습니다. 덕분에 부모님이 반대하는 교토 대학교 이학부에 지원할 수 있었습니다.

"왜 도쿄 대학교가 아니라 교토 대학교를 선택한 거야?"라는 질문도 받았는데 여기에는 명확한 이유가 있었습니다.

도쿄 대학교는 '이과'에 합격해도 반드시 이학부에 진학할 수 있는 것이 아니었습니다. 합격하면 먼저 고마바 캠퍼스에서 일반교양 수업을 듣고, 1학년과 2학년까지의 성적으로 3학년 때 학부가 정해집니다. 이것이 도쿄 대학교 특유의 '진학 분반' 제도입니다. 고마바 캠퍼스에서 성적이 좋지 않으면 희망하는 학부에 들어갈 수 없는 시스템입니다.

게다가 내가 가고 싶은 이학부의 물리학 전공은 당시 들어가는 문이 상당히 좁다고 들었습니다. 도쿄 대학교에 합격하는 것도 어려운 일인데, 물리학을 공부하려면 대학 입학 후에도 '진학 분반'을 위한 공부를 해야 했습니다. 대학에 들어가면 좋아하는 것을 마음껏 공부하고 싶었기 때문에 대학 입학 후까지 경쟁을 위한 공부는 하고 싶지 않았습니다.

교토 대학교는 미리 학부를 정하고 입시를 치르기 때문에 합격을 하면 처음부터 이학부 소속이 됩니다. 또한 졸업 때까지 전공을 정할 필요도 없었습니다. 졸업 증명서에도 '이학부 졸업'이라고만 기록되고, 희망할 경우 "주로 물리학을 공부함"이라고 기록할 수 있습니다. 졸업에 필요한 것만 취득하면 무엇이든 공부해도 됩니다. 교토 대학교는 도쿄 대학교와는 달리 '자유로운 학풍'이 특징입니다. 그중에서도 이학부는 특히 자유롭습니다. 학생을 방목하고 좋아하는 것을 할 수 있게 하는 분위기라서 원하는 공부를 마음껏 할 수 있을 것 같았습니다. 이런 이유로 교토 대학교 이학부에 지원하여 무사히 입학했습니다.

물리학이란 원래 어떤 학문인가

대학에 입학해서 드디어 본격적으로 물리학을 공부하기 시작했습니다. 이 기회에 '물리학이란 어떤 학문인가?'를 설명하겠습니다. 물리학은 자연계의 기본 법칙을 발견하고, 이것을 이용해서 이 세상의 다양한 현상을 설명하는 학문입니다. 설명하는 현상은 무엇이라도 상관이 없습니다.

고등학교에서 물리를 선택한 분들은 물리학이란 도르래가 비탈길을 내려가는 '물체의 운동'을 연구하는 것이라고 생각할 것입니다. 근대의 물리학이 17세기 갈릴레오 갈릴레이와 아이작 뉴턴에 의한 '운동의 연구'에서 시작되었기 때문입니다. 그러나 물리학 연구의 대상은 물체의 운동에만 한정된 것이 아닙니다.

여러분이 매일 사용하고 있는 가전 기기의 기반인 전기와 자기, 냉난방의 효율을 생각하는 일, 자동차 엔진을 설계할 때에 필요한 열 현상의 이해 등이 모두 물리학의 문제입니다.

'태양은 어떤 구조로 타고 있는가?' '밤하늘의 별은 왜 빛나는가?' '원래 우주는 어떻게 시작되어서 오늘의 모습으로 진화해왔는가?'와 같은 문제는 '우주 물리학'에서 연구하고 있습니다. 물질이 어떻게 이뤄져 있는지 연구하며 우리의 생활을 개선할 수 있는 신물질을 개발하는 '물성 물리학'이라는 분야도 있습니다. 또한 미시 세계로 눈을 돌리면 '원자 물리학', '원자핵 물리학' 그리고 내가 전공한 '소립자 물리학'이 있습니다. 최근에는 '생물 물리학'과 '경제 물리학' 등도 크게 발전했습니다. 삼라만상의 어떤 현상에 대해서도, 그 현상의 이름 ○○을 더해서 '○○ 물리학'이라는 것을 생각할 수 있습니다.

자연과학 중에는 생물학, 화학, 천문학 등 여러 분야가 있습니다. 물리학을 이것들과 구별하는 것은 '기본 원리로 되돌아가서 생각한다'는 연구의 방법입니다.

'물리학'이라는 말을 처음 사용한 것은 메이지 정부의 학제 공포 이후의 일인데, 에도 시대 때 서양 문물에 관심이 많았던 지식인 '난학자'들은 네덜란드어 '피지카fy'sica'를 '궁리학窮理學'이라고 번역했다고 합니다. 이 번역어는 '자연계 현상의 배후에 있는 원리를 궁리하여 현상을 이해한다'는 물리학의 목표를 잘 설명하고 있습니다.

생물학이 생명 현상을, 화학이 물질의 구조나 반응을, 천문학이 천체를 연구 대상으로 하는 '대상의 학문'인 데 반해, 물리학은 연구 방법에 특징이 있는 '방법의 학문'입니다.

물리학이 발전하면서 분업화가 시작되어 20세기 후반에는 실험과 이론을 각각 다른 연구자가 맡게 되었습니다. 이를테면 노벨 물리학상을 수상한 유카와 히데키나 도모나가 신이치로는 이론 물리학자이고, 고시바 마사토시小柴昌俊나 가지타 다카아키梶田隆章는 실험 물리학자입니다.

인생에서 공부를 가장 많이 한 4년

대학에 입학을 하고 가장 기뻤던 일은 이야기를 나눌 수 있는 동지가 많이 있다는 것이었습니다. 고등학교 시절의 이과 계열 친구들은 대부분 의학부를 지망했었기 때문에 기초과학에 대해서 이야기를 나눌 수 있는 친구가 별로 없었습니다. 당연한 일이지만 교토 대학교 이학부에 입학을 하니 과학에 흥미를 가진 사람들만 모여 있었습니다.

특히 간사이 지역의 유명한 고등학교에서 온 동급생들은 이학부 대학생이 읽어야 할 책을 잘 알고 있었습니다. 이제까지 손에 닿는 대로 책을 읽은 나에게 그들의 적절한 '독서 가이드'는 참 고마웠습니다.

입학하고 2년간은 일반교양을 공부했습니다. 그러나 안타깝게도 많은 강의가 기대에 미치지 못했습니다. 이것은 교수의 문제가 아니라 당시 교양 학부의 제도에 문제가 있었다고 생각합니다.

강의는 기대에 미치지 못했지만, 스스로 마음껏 공부할 수 있는 것이 대학의 장점이었습니다. 어렵게 입학한 대학의 의미는 여기에 있다고 생각합니다. 고등학교 때까지는 지도에 따라 선생님에게 배운 바를 그대로 공부합니다. 그러나 대학에서는 먼저 무엇을 공부할 것인지 스스로 선택해야 합니다. 게다가 입시 공부와는 달리 대학에서 연구하는 문제에는 반드시 정답이 있다고 할 수 없습니다. 이제까지 아무도 가지 않은 길을 개척하고 스스로 생각하는 힘을 키우는 것이 대학 교육의 목표 중 하나입니다.

지식을 가르치는 것만이 아니라 새로운 지식을 발견하기 위해서 필요한 기술을 익히는 주체적인 인재를 육성한다는 대학의 모습은 19세기 독일의 빌헬름 폰 홈볼트Wilhelm von Humboldt가 구상한 것으로 '홈볼트 이념'이라고 합니다. 강의만이 아니라 세미나와 실험을 커리큘럼에 포함시켜서 학생들에게 연구를 경험하게 하는, 현재 일본 대학교에서 보통 이루어지고 있는 교육 시스템이 만들어진 것도 이때입니다.

내가 학생일 때는 대학 정식 커리큘럼으로서의 세미나뿐만 아니라 학생들의 '자주적 세미나'도 활발했습니다. 이것은 데모를 하느라 강의를 제대로 받을 수 없었던 1960년대 일본의 '대학 분쟁 시대'에 학생들이 만든 공부 모임과 독서회의 흔적이었습니다.

교토 대학교의 이학부는 전공의 벽이 없어서 수학, 물리, 천문, 화학, 생물 등 여러 분야에 관심이 있는 학생과 만날 수 있었습니다. 나는 주로 수학과 물리학을 좋아하는 친구들이 모이는 찻집을 매일같이 찾아갔습니다. 주인이 맛있는 음식을 준비해주어서 세미나가 끝나면 거기서 저녁밥까지 먹는 즐거움이 있었습니다. 이런 환경 덕분에 대학 생활 4년은 내 인생에서 가장 공부를 많이 한 시절이었습니다.

프로베니우스 정리와 소바

자주적 세미나에서는 각자 분담해서 조사한 것을 토론했습니다. 간사이 지역의 유명한 고등학교를 졸업한 친구 중에는 거기서 읽고자 하는 책을 이미 중·고등학교 때 다 읽었다는 이도 있었습니다. 시골 출신인 나는 '역시 도회지의 아이들은 다르구나' 하고 느꼈습니다.

수학과 관련해서는 고등학교의 대선배인 다카기 데이지의 《해석개론》을 읽었습니다. 1939년 초판 이래 일본 수학 교과서의 본보기가 된 미적분의 고전적 명저입니다. 안드레이 콜모고로프Andrei Kolmogorov와 세르게이 포민Sergey Fomin의 《함수해석의 기초》에서는 무한대의 개념을 다루기 위한 엄밀한 논증 방법을 배웠습니다.

하루는 아사노 게이조浅野啓三와 나가오 히로시永尾汎의 저서 《군론》에 대해서 공부하는 세미나에서 책을 들고 발표를 했더니, 선배로부터 "발표를 할 때는 책에 나온 증명이나 해석을 직접 확인하고 그것을 정리한 노트만 보고 설명해야 한다"라는 지도를 받았습니다.

수학책 중에서도 특히 열심히 공부한 기억이 있는 것은 마쓰시마 요조松島与三의 《다양체 입문》입니다. 다양체란 기하학적 도형의 개념을 일반화한 것인데, 아인슈타인의 일반상대성이론에서 중력을 시공간의 일그러짐으로 이해할 때에도 중요한 역할을 합니다. 초끈이론에 등장하는 9차원 공간처럼 눈으로 볼 수 없는 것이라도 다양체의 사고방식을 이용하면 수학의 언어로 표현할 수 있습니다.

대학교 2학년 겨울, 집으로 가는 열차 안에서 이 책을 읽었는데, '프로베니우스Frobenius 정리'의 증명을 도무지 이해할 수가 없었습니다.

당시는 여비를 절약하기 위해서 신칸센이 아니라 도카이도 본선의 쾌속 열차를 타고 귀성했습니다. 몇 시간이나 더 걸리지만 집중해서 공부하기에 딱 좋은 환경이었습니다. 도중에 갈아타기 위해서 마이바라역에 내려서 역의 한 모퉁이에 있는 작은 소바집에서 소바를 주문하고 나서도 프로베니우스 정리에 대해서 생각했습니다. 마이바라는 일본에서도 눈이 많이 내리는 곳으로 유명합니다. 이때도 눈이 내리고 있었습니다. 눈은 이부키산에서 부는 바람을 타고 방향을 바꾸면서 마구 날아다

넜습니다.

프로베니우스 정리는 공간 속에 다양한 방향의 흐름이 있을 때 그 흐름들이 부분을 구성하기 위한 조건을 정합니다. 바람이 불어서 눈이 여러 방향으로 흩어지는 풍경을 보고 있으니, 갑자기 정리의 전체적 이미지가 떠올랐습니다. 눈 앞의 안개가 걷히는 것 같은 기분으로 소바를 먹었습니다. 지금도 '다양체' 강의에서 프로베니우스의 정리를 설명할 때면 그날의 추위와 소바의 따뜻한 향이 기억납니다.

영어 원서에도 익숙해질 필요가 있어서 허버트 골드스타인 Herbert Goldstein의《고전역학》과 레너드 쉬프Leonard Schiff의《양자역학》의 원서를 힘들게 읽었습니다.

또한 물리학은 폭넓게 배워야 한다고 생각해서 이마이 이사오今井功의《유체역학》을 읽었습니다. 유체역학은 공기나 물의 흐름 등을 연구하는 분야인데, 비행기나 로켓 등을 설계하는 데도 응용됩니다. 소립자론과 직접적으로 관계가 있는 분야는 아닙니다. 그러나 물리학은 '방법의 학문'이므로 유체역학의 방법을 물리학의 다른 분야에서도 사용할 수 있습니다. 또한 유체역학의 현상에 대한 이미지를 얻은 것도, 나중에 다양한 연구를 하는 데 도움이 되었습니다.

"물리학자나 수학자는 '존재'가 무엇인지를 알아야 한다"라고 말하는 친구가 있었습니다. 이에 '존재'를 논하기 위해서 하이데거의 책을 읽기로 했습니다. 하이데거의《존재와 시간》은 이학부 전공의 학생이 읽기에는 어려워서, 하이데거 연구자들이 그 내용을 요약해서 해설한《하이데거 존재와 시간 입문》을 읽었습니다. 그런데 그 입문서도 어려워서 반년 동안 겨우 절반을 읽고 좌절했습니다. 읽은 그 절반도 제대로 이해했는지 자신이 없습니다.

파인만에게 배운 자유로운 발상

자율 세미나에서뿐만 아니라 혼자서 공부한 책도 많이 있습니다.

이를테면 3권으로 이루어진《파인만의 물리학 강의》입니다. 리처드 파인만은 도모나가 신이치로, 줄리언 슈윙거Julian Schwinger와 함께 양자역학과 전자기학의 통합에 공헌해서 노벨 물리학상을 수상했습니다. 파인만은 회고록《파인만 씨, 농담도 잘하시네!》라는 전대미문 에피소드로 일반 사람들 사이에서도 잘 알려져 있었습니다.

캘리포니아 공과대학교 교수였던 파인만은 어느 날 "학부 초년생의 물리학도는 모두 내가 지도하겠다"라고 했습니다. 이공계 대학이라서 신입생은 누구나 역학, 전자기학, 통계역학 등의 물리학을 1년에 걸쳐서 공부를 해야 합니다. 대개 몇 명의 교수가 분담하는데, 이것을 대학자인 파인만 교수가 혼자서 맡겠다고 하니 얼마나 고마운 일이었을까요.

흔하지 않은 기회라서 1961년부터 2년간의 강의를 모두 녹화했고 판서가 된 칠판도 지우기 전에 사진 촬영으로 보존했습니다. 그 전설적인 강의록을 같은 대학교의 교수 두 명이 편집해서 출판한 것이 《파인만의 물리학 강의》입니다.

수년 전 파인만의 강의 50주년을 기념하는 이벤트가 있었습니다. 여기서 수강하고 졸업한 학생들과 이야기를 나누었더니 "그때 정말 힘들었습니다"라고 쓴웃음을 보이는 이도 있었습니다. 신입생에게 어려운 주제의 수업을 했으니 그 마음은 충분히 이해가 되었습니다.

보람도 있었습니다. 이 책에서 자연 현상에 대한 파인만의 사랑과 그것을 해명해나가는 기쁨을 강하게 느꼈습니다. 여기서 배운 것 중 하나는 물리학을 이해하는 길이 하나가 아니라는 것입니다. 다양한 생각으로 접근을 하면 자연 현상에 대한 이해가 깊어집니다. 열심히 공부하면 할수록 '이런 현상은 이렇게 이해해야 한다'는 식의 좁은 생각에 갇히게 됩니다. 이럴 때 파인만의 자유로운 발상을 접하고 나면 눈이 번쩍 뜨입니다.

파인만의 강의에서는 대상을 선택하는 것도 자유입니다. 꿀벌의 눈 구조나 화학 물질의 성질 등 보통 물리 교과서에서는 다루지 않는 폭넓은 자연 현상을 기초 물리 수준에서 설명합니다. 파인만이 자연의 모든 측면을 설명하는 모습에서 물리학의 보편성을 인식하게 되었습니다.

《이론 물리학 강의》에서 발견한 아름다움

파인만의 물리학보다 더 강하게 영향을 준 것은 란다우 Landau와 립시츠Lifshitz가 공저한 《이론 물리학 강의Course of Theoretical Physics》였습니다.

20세기 중반 소비에트 연방에서는 과학 연구를 중요시해서 나라의 정책으로 큰 투자를 했습니다. 그래서 다양한 분야에서 위대한 과학자가 등장했습니다. 그중에서도 레프 란다우는 오랫동안 이론 물리학의 선도자였습니다. 그의 연구 팀인 '란다우 학파'에 들어가기를 희망하는 학생은 '최소한의 이론'이라는 시험에 합격해야 했습니다. 글자 그대로 연구를 위한 최소한의 지식을 묻는 시험입니다. 란다우는 이론 물리학자가 되기 위해서는 무엇이든 다 알고 있어야 한다고 생각했기 때문에 물리학의 모든 분야를 망라한 내용을 출제했습니다. 란다우가 이론 물리학 연구소를 설립하고 교통사고로 인생을 마감하기까지 28년이라는 시간 동안 이 시험에 합격한 사람이 겨우 43명밖에 되지 않았을 정도로 어려운 시험이었습니다.

란다우와 립시츠의 《이론 물리학 강의》는 '최소한의 이론'에 해당하는 모든 물리학 분야의 지식을 란다우와 그의 제자 립시츠가 10권으로 정리한 것입니다. 1960년에는 소비에트 연방 국가에서 수여하는 상 중 최고의 상이었던 레닌상을 수상했습니다.

특별히 백미라고 할 수 있는 두 번째 권인 《고전 장이론The

Classical Theory of Fields》은 전자기학과 일반상대성이론의 교과서입니다. 나는 이 책을 친구들과 함께 자주적 세미나에서 읽었고, 나머지 책들은 혼자서 읽었습니다. 통상 전자기학과 일반상대성이론을 따로 배우는데《고전 장이론》은 이들을 한 권의 책으로 정리하고 있습니다. 두 번째 권에서는 물리학 발전의 역사뿐만 아니라 이론 구조를 재구성해 간단명료하게 설명하고 있어서《이론 물리학 강의》의 독창성이 보입니다.

과학은 경제적으로 사고하는 학문이라고 할 수 있습니다. 가능한 많은 현상을 가능한 적은 가정으로 설명할 수 있는 것이 좋은 과학이라는 의미입니다. 통신 기술에 있어서 대량의 정보를 최소한의 비용으로 보내기 위한 '데이터의 압축률'이 문제가 되듯이 과학이란 여러 자연 현상에 관한 데이터를 '법칙'으로 압축하는 작업이라고 할 수 있습니다. 란다우와 립시츠의 방식은 경제적인 사고를 극한까지 추구한 것입니다. 효율이 높은 공업제품에 기능미가 있듯이《이론 물리학 강의》의 섬세한 해설에도 독특한 아름다움이 있습니다.

모든 문제를 기본 원리에서 철저하게 도출하는 것도 이 책의 큰 특징입니다. 앞에서 설명한 바와 같이 물리학은 기본 원리로 되돌아가서 생각하는 방법의 학문으로서 다른 분야의 자연과학과 구별됩니다. 화학이나 생물학이 '대상의 학문'인 것에 비해, 물리학은 '방법의 학문'이기 때문에 무언가를 아는 순간 안개가 걷힌 것처럼 모든 것이 명료하게 보입니다. 이것이 물리학을 공부하는 매력 중 하나입니다.《이론 물리학 강의》는 물리학의 방법을 극한까지 추구합니다. 제1권 《역학》을 보는 순간, 처음부터 "이런 것이었구나!"하면서 한 대 맞은 기분이 었습니다.

중학교에서 선생님이 출제하는 퍼즐을 매주 푸는 것으로 수학을 잘하게 된 경험이 있어서 대학에서 물리학을 공부할 때도 배운 것을 몸에 익히기 위해서는 문제를 많이 풀어야 한다는 생각을 가지고 있었는데 다행히 《이론 물리학 강의》에는 많은 문제들이 게재되어 있었습니다. 책의 본문에서는 계산으로 도출해야 하는 부분이 생략되어 있어서 그것을 메워나가는 것도 공부가 되었습니다.

논문을 읽는 이유

현대 물리학의 기둥은 양자역학과 일반상대성이론인데, 일반상대성이론은 자주적 세미나에서 읽은 《이론 물리학 강의》의 《고전 장이론》편 외에 아인슈타인의 논문으로도 공부했습니다. 1916년에 발표된 〈일반상대성이론의 기초〉에는 《아인슈타인의 선집》이 다시 수록되어 있습니다. 이 논문은 한 세기가 지난 지금도 그대로 교과서로 사용될 만큼 잘 쓰여 있습니다.

논문을 읽는 것은 좋은 공부가 됩니다. 학계에서 인정한 교과서는 학계의 상식을 전제로 기술됩니다. 그러나 논문은 자신의 아이디어를 처음 읽는 사람에게도 잘 알 수 있도록 설명해야 합니다. 아인슈타인의 일반상대성이론 논문은 중력을 시공간의 일그러짐으로 설명하는 획기적인 생각을 발표한 것으로 여기에 사용된 수학도 당시의 물리학자들에게는 익숙한 것이 아니었습니다. 그래서 아인슈타인은 상대성의 사고방식을 자세하게 설명하고 여기에 필요한 수학에 대해서도 친절하게 설명하고 있습니다.

또한 논문을 읽으면 교과서에서는 미처 보지 못한 깊은 통찰을 경험하게 되는 일도 적지 않습니다. 이것은 철학서의 원서나 번역본을 곧장 읽는 것과 비슷한 맥락입니다. 이를테면 플라톤에 대한 입문서가 아니라 《향연》과 같은 저서를 읽는다면 어려워도 읽어나가면 배울 수 있는 것이 반드시 있습니다. 우리는 모두 하이데거의 철학을 이해하기 위해서 입문서를 읽고 좌절했습니다. 어차피 좌절할 것이라면 하이데거의 《존재와 시간》을 읽는 것이 더 좋았을 것입니다.

교양의 기초, 리버럴 아츠

철학이라고 하면 《철학 교정 – 리세의 철학》을 기억합니다. 리세는 프랑스의 중등 교육 기관으로 일본의 고등학교에 해당합니다. 이 책은 리세의 이공계 학생들을 위해서 만든 철학 교과서입니다. 나 역시 이공계 공부를 하는 사람이라서 이해하기 어렵지 않은 이론으로 기술되어 있습니다.

이 책의 2장은 철학이 '지식'이 아니라는 주장으로 시작합니다. 그리고 현대에서는 지식의 기능을 과학이 담당하고 있다고 말합니다. 이공계 관련 책이라고 하지만 '그렇다고 확신을 할 수 있을까?'하고 조금 놀랐습니다. 그렇다면 철학이란 무엇일까요? 여기에서는 철학이란 지식을 배우는 것이 아니라 지식 그 자체를 비판적으로 사색하는 학문이라고 정의합니다. 요컨대 칸트는 철학의 과제 전체를 다음의 세 가지 물음으로 요약했습니다.

- 나는 무엇을 알 수 있는가?
- 나는 무엇을 해야 하는가?
- 나는 무엇을 소망해야 하는가?

첫 번째 물음은 내가 고등학교 때 읽은《순수이성비판》에서 논의되었습니다. 두 번째 물음은《실천이성비판》, 세 번째 물음은《판단력비판》의 주제입니다.

이렇게 과학의 역할과 철학의 역할을 명확하게 구별하고 있으므로 '공간'이나 '시간'에 대한 고찰에 있어서도 과학적으로 의미가 있는 논의를 하고, 이것을 철학에서는 어떻게 생각하는지에 대해서 제대로 기술하고 있습니다.《철학 교정 – 리세의 철학》은 과학과 철학의 관계에 대해서 생각하는 기회가 되었습니다.

또한 현대 국가에 필요한 스스로 생각하고 판단할 수 있는 책임감을 지닌 시민을 키우려고 하는 프랑스 사회의 의지가 강하게 전해졌습니다. 이것은 리세의 교육이 고대 그리스 로마의 리버럴 아츠의 전통을 계승하고 있기 때문이라고 생각합니다.

민주주의가 탄생한 고대 그리스에서 리버럴 아츠의 전통이 시작된 것은 우연이 아닙니다. 민주주의가 건전하게 기능하기 위해서는 진실을 소중히 여기고 스스로 판단할 수 있는 시민이 꼭 필요합니다. 지금도 유럽과 미국의 교육에서는 리버럴 아츠를 교양의 기초로 여기고 있습니다. 《철학 교정 – 리세의 철학》은 그 전통에 따라 현대의 여러 문제를 다시 파악하는 책이었기 때문에 생각하는 훈련을 할 수 있었습니다.

글쓰기를 배우다

리버럴 아츠 7과목 중, 이공계 분야의 사람들에게는 '작문 기술'이 가장 어려운 분야일 것입니다. 작문 기술이란 설득력이 있는 말을 위해서 필요한 문법과 수사와 같은 것입니다. 3부에서 이야기하겠지만, 언어의 기술은 이공계에서도 중요한 것입니다.

문장을 기술하는 법을 배울 수 있는 책으로 혼다 가쓰이치本 多勝一의 《일본어 작문기술》을 추천합니다. 이공계에서 글쓰는 법을 익히기 위한 책으로는 시미즈 이쿠타로清水幾太郎의 《논문 잘 쓰는 법》과 기노시타 고레오木下是雄의 《과학 글쓰기 핸드북》이 유명해서 읽어봤지만, 실제로 도움이 된 것은 혼다의 책입니다.

시미즈 이쿠타로의 "있는 그대로 기술해서는 안 된다"라는 주장은 글쓰기 책의 원조라고 할 수 있는 다니자키 준이치로谷崎潤一郎의 《문장 독본》에 대한 안티테제로서 출판된 당시에 내용이 획기적인 관점이라는 평을 받았습니다. 그러나 내가 읽었을 때는 그 관점이 익숙해진 시기여서 너무 당연한 말을 하고 있다고 생각했습니다.

혼다의 책에서는 수식의 순서, 구두점의 사용법, 조사를 나누어 사용하는 법, 어디서 단락을 나누어야 하는지 등 문장의 기본에 대해 충실히 설명하고 있습니다. 또한 문장 스타일에 대해서 설명한 후반에서는 다양한 문장을 비판적으로 논평한 부분이 있는데 이것도 도움이 되었습니다.

영어 문장에 대해서는 《영어 글쓰기의 기본The Elements of Style》이 도움이 되었습니다. 여기에서는 영어 표현의 원칙을 '능동태로 쓰라', '긍정문으로 쓰라', '명확하고 구체적인 표현을 쓰라', '책임을 피하는 글을 쓰면 안 된다' 등 엄격한 어투로 명쾌하게 제시하고 있습니다. 책임을 피하는 글이란 "… 가 아닐까요?"라는 식으로 애매하게 끝나는 글입니다. 단정을 내리지 않는 표현에는 책임을 질 각오가 없습니다.

이와 비슷한 것으로 소설가 마크 트웨인Mark Twain의 "형용사를 보면 죽여라"나 소설가 스티븐 킹Stephen King의 "지옥으로 가는 길은 부사로 뒤덮여 있다."라는 과격한 말이 있습니다. '아름다운 그림'이나 '맛있는 식사' 등 형용사에 의지한 묘사는 쉽습니다. '매우'나 '실로'와 같은 부사가 공연히 사용되는 일이 많습니다. 트웨인과 킹은 설득력 있게 전달하려면 문장을 간결하고 구체적으로 표현하는 방법을 생각하라고 말합니다.

사람과의 커뮤니케이션에서 중요한 것은 자신의 말에 책임을 지는 것입니다. 뒤에서 만나볼 이론 물리학자 프리먼 다이슨Freeman Dyson도 "애매한 말을 할 것이라면 차라리 잘못된 말을 하는 게 낫다"라고 말합니다.

사람들 앞에서 이야기할 때도 소곤소곤 잘 들리지 않는 소리는 설득력이 없습니다. 나는 종종 가족들에게 목소리가 크다는 말을 듣습니다. 그때마다 "자신의 말에 책임을 지기 위해서는 확실하게 발성해야 한다"라고 말해서 어이없다는 말을 듣기도 했습니다.

항상 큰소리를 내어야 하는 것은 아닙니다. 얼마 전 도쿄 대학교 카블리 수학물리연계 우주연구기구에서 퇴근하는 길에 통근 전차 안에서 외국인 연구원과 물리에 대한 이야기를 나누고 있었는데 옆자리의 승객에게 "조금 작은 소리로 이야기해주세요"라는 주의를 받았습니다.

영국문화원에서 배운 것

나는 대학교 마지막 해에 반년 동안 영어 회화 교실을 다녔습니다. 이유가 있었습니다.

양자역학의 세계에서는 우리들의 직관에 반하는 현상이 일어납니다. 그에 대한 해석에 관해서는 아직 해결되지 않은 문제가 몇 가지 있습니다. 이것을 '양자역학의 기초 문제'라고 총칭합니다. 최근에는 양자 컴퓨터가 기술의 진보로 뜨거운 화제가 되기도 했지만, 내가 학생일 때에는 최신 연구를 할 수 없는 은퇴 직전의 교수나 하는 연구로 여겨졌습니다. 그러나 나는 이것에 흥미를 가지고 공부하고 있었습니다.

내가 4학년 때 양자역학의 기초 문제에 등장하는 '벨 부등식' 실험에 성공한 프랑스의 알랭 아스페Alain Aspect 교수가 강연을 위해서 교토에 왔습니다. 좀처럼 없는 기회라서 벨 부등식에 관한 문헌을 읽고 강연을 들으러 갔습니다.

벨 부등식은 두 양자 사이의 '얽힘' 현상을 특징짓는 이론입니다. 나는 강연을 들으며 3개 이상의 양자에 대해서도 같은 얽힘 상태가 가능하고 이에 관한 부등식이 있을 것 같다고 생각했습니다. 나는 강연이 끝난 다음 손을 들고 질문을 했지만 영어가 능숙치 않아서 생각을 잘 전달할 수 없었습니다.

아무리 좋은 아이디어가 떠올라도 영어로 표현하지 못하면 의미가 없다고 생각해서 학교 근처에 있는 영국문화원의 영어회화 교실을 다니기 시작했습니다. 영국문화원은 제2차 세계대전 전 파시즘이 대두할 당시 국제적 영향력이 떨어지고 있다고 느낀 영국이 영어와 문화를 보급하기 위해서 설립한 국제 문화 교류 기관입니다.

여기서 배운 것이 몇 가지 있습니다. 하나는 상대가 자신의 말을 어떻게 받아들이는지를 잘 생각하고 설득력 있는 표현을 하는 기술입니다. 영어 회화의 예의에 대해서도 배웠습니다. 영어에는 존댓말이 없습니다. 그렇다고 누구에게나 스스럼없이 이야기를 해서는 안 됩니다. 일본어와 같이 존댓말은 없지만 다른 방법으로 상대에게 경의를 표할 수 있습니다. 영어도 마찬가지로 서로의 관계에 맞는 적당한 표현을 해야 합니다.

전치사 사용법 등 영어의 기술도 배웠습니다. 영어의 전치사는 일본어의 조사처럼 중요합니다. 잘 사용하면 간결한 영어가 됩니다.

영어 회화의 기술과 스타일이라는 두 가지 측면에서 영향을 받은 수업이었습니다.

일본과 영국은 둘 다 섬나라이지만 커뮤니케이션 기술에서는 크게 달랐습니다. 유럽 대륙과 1000년 이상에 걸친 외교의 역사로 단련된 교섭력과 전 세계로 뻗어나간 식민지를 경영한 경험으로 타 문화에 대한 노련한 대응 방식을 가진 나라가 자국의 언어와 문화의 진흥과 홍보를 위해 운영하고 있는 회화 교실에서 배운 것은 이후의 해외 생활에서 많은 도움이 되었습니다.

아스페 교수의 강연 말미에 내가 던졌던 3개 이상의 양자들의 얽힘 현상에 대해서는 그 후 다른 연구자가 논문을 발표해서 지금은 그의 이름으로 잘 알려져 있습니다. 당시 아스페 교수에게는 설명을 잘할 수 없었지만 연구를 더 했다면 좋았을지 모릅니다. 그러나 "하려고 했지만 하지 못한 일이 몇 개는 있어야 한다"라는 말을 난부 요이치로 교수에게 들은 적이 있어서 이것도 그중 하나라고 생각하기로 했습니다.

영어 실력을 향상시키기 위해서는
무엇이 필요한가 ?

　흔히 일본의 영어 교육은 잘못되었다고 말합니다. 이것은 어느 나라와 비교해서 한 말일까요? 유럽 사람들은 여러 나라의 말을 일상적으로 접할 기회가 많습니다. 대부분의 유럽 국가에서는 영어와 같은 인도·유럽 어족의 언어를 사용하기 때문에 영어를 잘하는 것이 당연한 일입니다. 미국에서 아이를 키운 경험으로는 미국의 외국어 교육이 특별히 우수하다고는 생각하지 않습니다. 중국이나 한국 사람 중에 영어를 잘하는 사람을 볼 수 있는데, 한국의 경우는 조기 유학을 시키는 경우가 많아서 그렇습니다.

　내가 영어를 배운 것은 대학교 4학년 때 반년간 다닌 영국문화원의 영어 회화 수업 그리고 중학교와 고등학교 때의 수업이 전부입니다. 이것만으로 미국 대학에서 학생을 가르치고 있으니 일본의 영어 교육도 그리 나쁘다고 생각하지 않습니다.

　내가 대학교 4학년 때 아스페 교수에게 질문을 잘할 수 없었던 것은 중학교와 고등학교의 영어 교육이 잘못되었기 때문이라고 할 수 없습니다. 영어 회화는 경험을 쌓아야 하는데 학교 수업만으로 회화의 실력을 키우는 일은 어렵습니다. 최근에는 인터넷으로 영어를 접할 수 있는 기회가 많습니다. 이를테면 BBC나 NPR의 뉴스를 들으면 도움이 됩니다. 귀에 익숙해지면 자연히 입으로 나옵니다.

26살에 처음 미국으로 건너가 고등연구소의 연구원이 되었을 때, 영어 때문에 힘들었던 것은 점심시간이었습니다. 칠판 앞에서 일대일로 토론을 할 때는 상대도 나의 얼굴을 보고 있으니 이해하고 있다는 것을 확인하면서 이야기를 할 수 있었습니다. 물리학이나 수학의 이야기는 전달이 잘 되지 않았다는 생각이 들면 칠판에 식을 적으면 됩니다. 그러나 점심을 먹을 때는 몇 명이서 같이 앉아 이야기를 나누니 나만 바라보고 이야기하지 않습니다. 조금 늦게 자리에 앉으면 무슨 이야기를 하고 있는지 전혀 알 수 없을 때도 있었습니다. 그래도 반년 정도가 지나니 귀가 익숙해지면서 뭔가 들리기 시작했습니다. 이야기를 따라가지 못할 때는 "미안합니다. 무슨 이야기입니까?"라고 물으면 됩니다.

나는 캘리포니아에서 교편을 잡은 지 25년 이상 되었는데 수업은 일본식 발음의 영어로 합니다. 그래도 학기말 수업 평가의 설문지에서 "영어를 못한다"라는 불평은 한 번도 없었습니다. 수업의 내용이나 시험의 난이도 등에 대해서 기탄없이 비판을 하는 것으로 보아 나의 영어에 문제가 있다면 그에 대해 지적을 받았을 것입니다. 미국 대학에는 외국인 교수가 많아서 학생들도 서툰 영어에 익숙한 것인지도 모르겠습니다.

영어 공부가 부족하다고 생각한 것은 영어 회화보다 독해와 작문 능력입니다. 이 책의 3부에서 이야기하겠지만 대학 운영과 관련된 일을 하면서 동료의 작문 능력에 감탄한 일이 몇 번 있었습니다. 긴 역사 속에서 다양한 문화와 교류를 해온 유럽과 미국의 교육에는 언어의 힘을 발휘할 수 있는 여러 방법이 있습니다. 미국에서 자란 딸은 초등학교 저학년 때부터 실용적인 작문 기술을 배우고 다양한 장소에서 문장을 작성했습니다. 미국 동료의 커뮤니케이션 능력을 보면 일본인의 영어 실력 부족은 영어 교육이 아니라 국어 교육의 문제라고 생각합니다. 표현하고 싶은 것이 머릿속에 정리되어 있지 않으면 펜이 움직이지 않고 입으로도 나오지 않습니다. 초등학교에서 영어 회화를 가르치는 것은 좋은 일입니다. 그러나 일본인의 영어 실력 향상을 위해서는 국어와 영어 교육을 잘 조합한 종합적인 언어 교육을 생각할 필요가 있다고 봅니다.

3장

물리학자들의 영광과 고뇌

학창시절에는 교과서로 물리학 이론만 공부한 것이 아니라, 물리학자가 자신의 삶과 생각에 대해서 이야기한 책도 읽었습니다. 여기서부터는 나에게 영향을 준 물리학자들의 전기와 수필을 소개하겠습니다.

양자역학 완성의 순간 – 하이젠베르크의 《부분과 전체》

먼저 양자역학의 창설자인 독일의 물리학자 베르너 하이젠베르크Werner Heisenberg의 자서전 《부분과 전체》를 소개하고자 합니다. 물리학에 흥미가 있는 사람에게는 필독서입니다.

하이젠베르크가 친구나 동료와 함께 과학과 철학에 관해서 나눈 많은 이야기가 서술된 매력적인 책입니다. 유카와 히데키는 이 책을 번역하고 역자 후기에 다음과 같은 글을 남겼습니다.

"아직 고등학생인 하이젠베르크와 그와 동갑인 젊은 친구들이 나눈 이야기치고는 수준이 너무 높다는 생각이 든다."

"이것이 반세기 동안 그의 뇌리에 있었던 기억의 의식적, 무의식적 재구성이라고 생각하면 이상하지 않을 수도 있다."

유카와는 아마도 하이젠베르크가 이야기를 부풀리고 있다고 의심하는 것 같았습니다.

대화는 대부분 산행을 하면서 이루어졌습니다. 독일 사람들은 자연 속에서 긴 산책를 하면서 이야기 나누는 것을 좋아합니다. 이것은 아마도 다양한 장소를 돌면서 경험을 쌓아가는 낭만주의의 전통을 계승하고 있는 것으로 생각됩니다.

하이젠베르크는 뮌헨 대학교에서 아르놀트 조머펠트Arnold Sommerfeld에게 원자론을 배웠습니다. 하이젠베르크는 조머펠트에 대해 다음과 같이 말합니다.

"군인처럼 기품이 있는 검은 수염을 기른 작고 땅딸막한 이 인물은 일견 어려운 인상을 주었다. 그러나 이야기를 시작하자 그의 솔직한 선의와 조언을 구하러 온 젊은이에 대한 호의를 읽을 수가 있었다."

사실 하이젠베르크는 조머펠트를 만나기 전에 원주율이 초월수라는 것을 증명한 수학자 페르디난트 폰 린데만Ferdinand von Lindemann의 지도를 받았습니다. 하이젠베르크가 일반상대성이론에 흥미가 있다고 하자, 린데만은 "수학 공부는 당신에게 도움이 안 되겠군요"라고 하며 그를 쫓아냈다고 합니다. 그것이 억울했는지 하이젠베르크는 조머펠트의 학생이었던 볼프

강 파울리Wolfgang Pauli에게 이 이야기를 했고, 파울리는 다음과 같이 말했다고 합니다. "린데만은 수학적으로 엄밀성을 가진 광신자라서 그런 행동을 충분히 할 수 있다고 생각해." 이런 경험이 있었기 때문에 조머펠트가 특별히 좋은 사람으로 보였을 수 있습니다.

린데만이 하이젠베르크를 쫓아낸 일은 물리학계에게는 행운이었습니다. 닐스 보어Niels Bohr가 괴팅겐 대학교에서 강의를 할 때 그는 조머펠트를 따라 보어의 강의에 들어갔습니다. 덴마크 사람인 보어는 원자론의 일인자였습니다.

"보어는 조용하고 부드러운 덴마크식 악센트로 말을 했다. 그는 자신의 이론을 하나하나 설명하며 주의 깊고 진중한 말로 이어나갔다. 우리에게 익숙한 조머펠트의 말보다 훨씬 더 진중했다. 조심스럽게 표현하는 한마디에는 긴 사색의 흔적이 보이는 것 같았다. 지금 그는 긴 사색의 일부분만 이야기하고 있지만, 그 깊은 곳에는 대단히 자극적이고 철학적인 모습이 희미한 불빛 속으로 스쳐 지나는 것을 느꼈다."

정말 운명적인 만남이었습니다. 질문을 하러 갔다가 보어의 산책에 초대를 받은 하이젠베르크는 보어와 함께 산책을 하게 됩니다. 하이젠베르크는 그것에 대해 "나의 학문적 성장이 이 산책을 통해 비로소 시작되었다"라고 기술합니다.

보어는 대화와 토론으로 연구를 진행하는 독특한 스타일로 유명합니다. 코펜하겐의 닐스 보어 연구소에서는 자유롭고 활발한 토론을 장려했습니다. 당시로는 흔치 않은 스타일이라서

'코펜하겐 정신'이라고 불렀습니다. 하이젠베르크는 보어와 산책이나 하이킹을 하면서 나눈 이야기를 자세하게 기록했습니다. 두 사람의 대화는 물리학자가 되고자 하는 나에게 대단히 매력적으로 다가왔습니다.

보어 밑에서 공부를 한 하이젠베르크는 1924년 괴팅겐 대학교의 교수가 됩니다. 그 이듬해 여름에 그는 꽃가루 알레르기가 심해져서 북해의 섬에서 요양을 합니다. 거기서 어느 날 밤, 번뜩이는 생각으로 양자역학을 완성합니다. 그 장면이 자서전의 하이라이트입니다. 감동적인 그 글을 인용해보겠습니다.

"첫 순간 나는 너무나 놀랐다. 마치 표면적인 원자 현상을 통해 그 현상 배후에 깊숙이 숨겨진 아름다운 근원을 들여다본 느낌이었다. 이제 자연이 그 깊은 곳에서 내게 펼쳐 놓은 충만한 수학적 구조들을 좇아가야 한다고 생각하자 나는 거의 현기증을 느낄 지경이었다. … 세상은 이미 새벽노을로 물들고 있었고 나는 그 시간에 집을 나와 고지대의 남쪽 끝까지 갔다.

… 그곳에 바다 쪽으로 비쭉 내민 형태로 바위산이 하나 외따로 서 있었고 … 나는 이제 별로 힘들이지 않고 그 바위산에 올라 꼭대기에서 일출을 기다렸다."

나치 독일에 머물기로 하다

그 후 하이젠베르크의 인생은 고난의 연속이었습니다. 제

2차 세계대전 중 그는 독일의 원자폭탄 개발을 지도했습니다. 그래서 종전 후 비난을 받았고 미국의 과학계에서는 오랫동안 '페르소나 논 그라타persona non grata'였습니다. 이것은 '호감이 가지 않는 인물'이라는 의미의 라틴어입니다. 외교 관련 전문 용어로 쓰일 때에는 '외교관으로서 입국을 거부당한 사람'이라는 뜻으로 사용되는데, 여기서는 미국 과학계에서 배제되었다는 의미로 사용합니다. 자서전 중반쯤 하이젠베르크는 전쟁 중 독일에 머문 것에 대해 해명합니다.

'혁명과 대학 생활'이라는 장은 1933년에 그의 연구실을 찾은 나치 학생과의 대화에서 시작됩니다. 그해 1월 히틀러가 수상으로 취임하고 나치가 권력을 장악합니다. 4월에 시행된 '직업 공무원 재건법'으로 유태인은 대학의 교수직을 박탈당합니다. 하이젠베르크의 동료 교수는 제1차 세계대전 때 공을 세우고 훈장을 받았음에도 지위를 잃었습니다. 하이젠베르크는 이에 항의하기 위해서 자신도 사직을 해야 하는 것인지 고민을 합니다. 그래서 베를린으로 가서 물리학계의 장로인 막스 플랑크와 의논을 합니다. 만약 사직을 하면 독일에는 있을 수 없기 때문에 미국 등으로 망명을 해야 했습니다.

플랑크는 "유감스럽게도 자네는 대학과 지식인의 역할을 과대평가하고 있어"라고 하면서 말렸습니다. 하이젠베르크가 항의를 한다고 해도 그 의도가 지금의 독일 사회에는 전혀 전달되지 않을 것이라고 했습니다. 그리고 플랑크는 "그 뒤에 올 미래를 생각해서 결정을 했으면 좋겠어"라고 말했습니다. 나치의 지배는 반드시 파멸할 것이기 때문에 그 후 조국을 재건하기 위해서는 독일에 머물러야 한다는 것이었습니다.

플랑크와 이야기를 마치고 돌아오는 길을 기억하면서 하이젠베르크는 이렇게 말합니다.

"삶의 토대를 무참히 빼앗겨서 독일을 떠날 수밖에 없던 친구들이 거의 부러울 지경이었다."

직장을 잃고 독일을 떠나야 하는 유태인을 부럽다고 하는 것은 동정심이 전혀 없는 것처럼 들리지만 그만큼 깊은 고뇌를 한 것입니다. 라이프치히로 돌아오는 기차 안에서 하이젠베르크는 다음과 같이 말하며 독일에 머물 것을 결심합니다.

"게다가 이민을 가는 것은 … 정신 나간 사람들에게 조국을 그냥 맡겨두는 꼴이 아닐까?"

"자네는 다른 사람들과 함께 불변의 '섬'을 만들어 갈 수 있어. 젊은이들을 주변에 모아, 그들에게 과학을 하는 방법을 알려주고, 그들의 의식 속에 옛날의 좋은 가치 기준을 심어줄 수 있을거야."

'우라늄 클럽'에서 원자폭탄 개발을 지도하다

1939년 여름 하이젠베르크는 전쟁 전 마지막으로 미국을 방문했습니다. 그리고 이탈리아의 물리학자 엔리코 페르미Enrico Fermi를 만났습니다. 페르미는 그 전년도에 노벨 물리학상을 수상하고, 스톡홀름 시상식에 참석한 후 미국으로 망명했습니다. 그 후 맨해튼 계획Manhattan Project에 참여해서 3년 후 사상 처음으로 핵분열 연쇄반응 제어에 성공합니다.

페르미는 하이젠베르크에게 미국에 오면 할 일이 얼마든 있다며 망명을 권유했습니다. 그러나 하이젠베르크는 이렇게 말하고 거절합니다.

"각자가 자국의 비극을 스스로 받아들여야 한다."

페르미의 권유를 뿌리치고 기선을 타고 독일로 돌아오자 독일은 폴란드 침공을 시작했습니다. 제2차 세계대전이 시작한 것입니다. 육군무기청은 하이젠베르크에게 소환장을 보냈습니다. "원자 에너지의 기술적 응용의 문제에 대한 일을 하라"라는 명령이었습니다.

하이젠베르크는 빈정거리면서 육군에 소환된 과학자 무리를 '우라늄 클럽'이라고 불렀습니다. '정치적 파국에서 개인의 행동'이라는 장에서는 우라늄 클럽의 멤버였던 카를프리드리히 폰 바이츠제커Carl-Friedrich von Weizsäcker와 나눈 이야기가 서술되어 있습니다.

하이젠베르크는 바이츠제커에게 다음과 같이 제안했습니다. "원자폭탄 개발은 물리학으로서는 상당히 재미있는 문제이지만 전시인 만큼 대단히 위험해질 가능성이 있다. 그러므로 신중하게 생각해야 한다. 그러나 독일의 현재 상황을 보면, '원자 에너지의 기술적 이용은 아직 먼 훗날의 일이다. … 그 일을 한다고 부끄러운 일이 아니다. 오히려 이런 연구를 하는 것으로 재능이 있는 젊은이들을 비교적 위험하지 않는 곳에서 전시를 보낼 수 있도록 할 수 있다. 우선 우라늄 원자로 준비 작업을 하는 것으로 한정해야 한다."

이에 대해서 바이츠제커는 "대단히 안심이 된다"라며 동의합니다. 그는 우라늄 원자로 연구가 전쟁이 끝난 후에도 도움이 될 것이라고 말합니다.

전후 평화주의를 내세워서 함부르크 대학교의 철학과 교수가 된 바이츠제커는 독일 내에서 존경을 받는 존재였습니다. 전후 독일 대통령이 되어서 〈황야의 40년〉이라는 유명한 연설로 독일의 전쟁에 대한 책임을 말한 리하르트 폰 바이츠제커 Richard von Weizsäcker가 그의 동생입니다. 바이츠제커와의 대화를 이 책에 서술한 것은 자신을 '페로소나 논 그라타'로 지목한 미국 과학계에 대한 변명이라고 생각합니다. 독일에 남아서 원자폭탄 개발에 참여할 수밖에 없었던 자신의 입장이나 생각을 이해해주기를 바라는 마음이 행간에서 읽힙니다.

은사 보어와의 이별

제2차 세계대전 중이었던 1941년 하이젠베르크는 독일이 점령한 코펜하겐을 방문하고 은사인 보어와 재회합니다. 양자역학 창설에 큰 공헌을 한 두 사람이지만 이 만남 후 둘은 결별합니다. 코펜하겐에서 보어와 하이젠베르크가 무슨 이야기를 했는지는 과학사의 수수께끼 중 하나입니다.

자서전에 따르면 하이젠베르크는 보어에게 세 가지를 전하고 싶었다고 합니다.

"원리적으로는 원자폭탄을 만들 수 있다는 것과 이를 위해서는 대단히 많은 기술적 비용이 필요하다는 것, 그리고 우리가 물리학자로서 이 문제에 관여해도 되는지에 대해 자신에게 진중하게 질문을 해야 한다는 것이다."

하이젠베르크는 이 이야기를 해질녘 그의 집 주변을 산책하면서 겨우 꺼낼 수 있었다고 합니다. 그러나 모든 것을 제대로 전할 수는 없었습니다. 보어의 반응에 대해서 하이젠베르크는 이렇게 기술하고 있습니다.

"안타깝게도 닐스 보어는 원자폭탄을 원리적으로 만들 수 있다는 가능성에 대한 나의 첫말에 대단히 경악을 했다. 그래서 나의 정보 중 가장 중요한 부분인 원자폭탄을 만들기 위해서는 대단히 많은 기술의 비용이 필요하다는 말에는 귀를 기울이지 않았다."

"아마도 독일군이 조국을 폭력으로 점령한 것에 분노하고 있었기 때문에 국경을 넘어서 물리학자의 상호 이해를 고려할 수 없었을 것이다."

하이젠베르크와 보어가 실제로 무엇을 이야기했는지에 대해서는 몇 가지 추측이 있습니다.

하나는 하이젠베르크가 자서전에 기술한 바와 같이 원자폭탄 제조 계획을 시작할 것인지, 말 것인지를 보어와 의논하고 싶었다는 추측입니다.

그것이 아니라면 전시 중에도 미국과 영국의 물리학자와 교류가 있는 보어에게 미국의 원자폭탄 제조 계획을 듣고 싶었다거나 보어를 통해서 미국 물리학자들로 하여금 원자폭탄 제조에 참가를 만류하고 싶었던 것이 아닐까 하는 추측도 있습니다. 전후 하이젠베르크를 '페르소나 논 그라타'라고 한 미국의 많은 물리학자가 그렇게 의심하고 있었던 것 같습니다.

또 하나의 설은 하이젠베르크가 '우라늄 235'의 임계질량에 대해서 상담하고 싶었다는 것입니다. 전후 하이젠베르크가 임계질량을 잘못 계산한 자료가 공개되었습니다. 독일이 원자폭탄 제조에 실패했던 이유에 대한 추측 중 하나는 하이젠베르크의 계산 오류라고 알려져 있습니다.

마이클 프레인Michael Frayn의 희곡 〈코펜하겐〉은 이 대화의 수수께끼를 주제로 하고 있습니다. 세 개의 의자가 마련된 무대에서 하이젠베르크와 보어, 보어의 부인 마르그레테 뇌를룬드Margrethe Nørlund가 이야기를 나누는 연극입니다.

이 연극을 처음 본 것은 벨기에의 수도 브뤼셀이었습니다. 국제 회의의 전야제였습니다. 하이젠베르크 역은 노벨 물리학상 수상자인 데이비드 그로스David Gross가, 보어 역은 노벨 화학상을 시라카와 히데키白川英樹와 함께 수상한 앨런 히거Alan Heeger가 맡았습니다. 대본을 들고 보면서 연기를 하는 사람을 볼 수도 있는 아마추어 극단이었습니다. 두 번째는 도쿄의 산게차야 시어트드림이었습니다. 여기서는 하이젠베르크를 단타

야스노리, 보어를 아사노 가즈유키, 마르그레테를 미야자와 리에가 연기를 하는 초호화 캐스팅이었습니다.

이 희극은 하이젠베르크가 발견한 불확정성 원리uncertainty principle와 과거 사건의 불확실성을 중첩하는 등 양자역학의 방식을 잘 접목시켜 물리학에 흥미가 있는 사람도 즐길 수 있었습니다. 보어와 하이젠베르크의 복잡한 사제 관계도 훌륭하게 표현했습니다. 보어가 하이젠베르크의 임계질량 계산의 실수를 지적하는 장면이 인상적입니다. 하이젠베르크의《부분과 전체》와 함께 이 연극도 많은 분들이 관람하면 좋겠습니다.

전쟁 협력에 대한 갈등

보어나 하이젠베르크 등이 쌓아올린 양자역학은 20세기 물리학을 크게 발전시켰습니다. 제2차 세계대전 후에는 양자역학을 전자기학과 통합한 '양자 전자기학'도 완성합니다. 이 이론은 그 후 '양자장론'으로 발전해서 소립자에서 물체 그리고 우주에 이르는 물리학의 폭넓은 분야의 기초가 되었습니다. 양자 전자기학의 발전에 기여한 리처드 파인만, 줄리언 슈윙거와 도모나가 신이치로는 1965년에 노벨 물리학상을 수상했습니다.

도모나가와 슈윙거의 연구는 이제까지의 양자역학의 형식을 계승했기 때문에 학계에서도 바로 받아들였습니다. 그러나 파인만의 생각은 독창적이어서 좀처럼 이해를 받지 못했습니다.

그래도 파인만이 노벨상을 수상할 수 있었던 이유는 그의 이론이 도모나가와 슈윙거의 이론과 동등하다는 것을 수학적으로 증명한 사람이 있었기 때문입니다.

그가 바로 앞에서 말한 프리먼 다이슨입니다. 그는 항성의 전 에너지를 이용하는 '다이슨구Dyson sphere'와 혜성을 뒤덮는 거대 식물 '다이슨 나무'와 같은 개념으로 SF 세계에 큰 영향을 미친 사람이라서 이미 그의 이름을 알고 있는 사람도 많을 것입니다.

그의 회고록《프리먼 다이슨, 20세기를 말하다》도 학창시절 읽은 책 중 한 권입니다. 이 책은 96년에 걸친 그의 긴 생애 전반에 대한 이야기입니다.

다이슨의 회고록에는 하이젠베르크의《부분과 전체》에서와 같이 전쟁과 관련된 과학자의 갈등이 그려져 있습니다. 다이슨은 제2차 세계대전 중 케임브리지 대학교에 입학하는데 전쟁 후반에 운용과학operations research 분야에서 일을 합니다. 운용과학은 제2차 세계대전 직전에 레이더에 의한 조기 경계 시스템을 개선하기 위해서 시작한 정보공학 분야입니다. 다이슨은 독일의 각 도시를 효율적으로 공습하기 위한 전략을 담당했습니다. 처음에는 시민을 대량 살상하기 위한 연구를 스스로 정당화하고 있었습니다. 그러나 생각이 바뀌어서 마지막에는 "도덕적으로 갈 곳을 잃었다"라고 고백합니다.

전후 1947년에 미국으로 건너간 다이슨은 코넬 대학교의 대학원생이 됩니다. 그의 지도 교수는 태양 에너지가 핵융합 반응으로 어떻게 만들어지는지 그 구조를 해명해서 노벨 물리학상을 수상한 한스 베테Hans Bethe였습니다. 당시 코넬 대학교에서는 갓 부임한 파인만이 왕성하게 활동하고 있었습니다.

대수학 타입 vs 기하학 타입

당시 컬럼비아 대학교의 윌리스 램Willis Lamb이 수소원자의 에너지를 정밀하게 측정해서 이제까지의 양자역학의 계산과 맞지 않다는 결과를 발표했습니다. 이것은 어려운 수수께끼로 주목을 받았습니다.

다이슨이 미국으로 건너간 이듬해에 열린 회의에서 하버드 대학교 교수인 줄리언 슈윙거가 이 문제에 대해서 8시간 동안 강연을 했습니다. 슈윙거는 양자역학의 원리를 원자 내의 전자장에도 적용해서 '양자 전자장'의 효과를 계산하는 것으로 램의 실험 결과를 설명했습니다. 양자역학을 정통적인 방법을 통해 전자장으로 확장하고, 거기에 나타나는 난해한 수식을 칠판에 하나하나 풀어나가는 슈윙거의 강연은 모두를 감탄하게 했습니다.

슈윙거에 이어서 등장한 사람은 파인만이었습니다. 그는 스스로 개발한 '파인만 도형Feynman diagram'을 이용한 계산법을 이야기했습니다. 그의 계산으로도 램의 실험 결과를 설명할 수 있었지만 아무도 그것을 이해하지 못했습니다. 다이슨은 "파인만은 방정식을 칠판에 적지 않고 그의 머릿속에서 직접 해답을 써 내려갔어요. 그러니 그가 무엇을 하고 있고, 그 답을 신용할 수는 있는지에 대해 청중 그 누구도 이해할 수 없었습니다"라고 말했습니다.

다이슨은 파인만에 대해서 "그의 머리는 회화적이었다"라고 기록하고 있습니다. 이론 물리학자 중에는 '대수학 타입'과 '기하학 타입'이 있습니다. 다이슨이 회화적이라고 한 것은 기하학 타입을 뜻합니다.

대수에서는 수식을 순서대로 변형해나가는 직선적 작업을 정확히 하는 것이 중요합니다. 슈윙거는 이것을 잘했습니다. 당시에는 이것이 양자역학의 정통파였습니다.

이에 비해 기하학은 중학교 도형 문제의 보조선과 같이 순간적 깨달음으로 문제를 풀 수가 있습니다. 파인만은 이런 방법으로 문제를 푸는 과학자였습니다.

덧붙여서 말하면 나는 기하학적 문제를 잘 푸는 사람입니다. 하지만 마지막에는 이것을 대수의 언어로 고쳐서 쓰고 나서야 비로소 제대로 '알았다'고 확신합니다. 기하학 타입과 대수학 타입이 섞여 있는 것 같기도 합니다.

숫자에 대해서 어떤 이미지를 가지고 있는지에 대해서 질문을 해보면, 기하학 타입과 대수학 타입을 구분할 수 있습니다. 기하학 타입의 사람은 0, 2, … 라는 수에 대해 도형적 이미지를 가지고 있는 경우가 많습니다. 나도 그렇습니다. 예를 들면 "100만"이라고 하면 "대강 이 정도"라고 머릿속에서 그 위치를 떠올립니다. 계산을 할 때는 숫자의 위치가 움직이는 것처럼 느껴집니다.

파인만의 연구 스타일에 대해 다이슨은 다음과 같이 말했습니다.

"그는 어떤 일도 누구의 말도 그대로 믿지 않는다. 그래서 그는 대부분의 물리를 모두 스스로 재발견 또는 재발명해야 했다."

앞에서 소개한 물리학의 교과서 《파인만의 물리학 강의》도 그가 '재발견 또는 재발명'한 물리학 체계입니다. 파인만의 강의를 들은 졸업생이 "힘들었습니다"라며 쓴웃음을 지은 것도 이해할 만합니다.

황폐된 도쿄에서 온 소포

그해 여름 다이슨은 파인만의 권유로 오하이오주에서 뉴멕시코주까지 미국 횡단을 하는 장거리 여행에 따라나섰습니다. 이 이야기가 책 전반부의 하이라이트인데 도중에 기괴한 모텔에 숙박을 한 것에 대한 일화는 마치 로드무비를 보고 있는 것처럼 재밌습니다.

여행을 하면서 두 사람은 많은 이야기를 나눕니다. 맨해튼 계획에 참가한 파인만이 로스앤젤레스에서 한 일, 그 사이에 첫 번째 부인이 사망한 일, 핵무기의 미래 등에 대해 이야기를 나눴습니다. 파인만은 핵무기로 인하여 인류가 멸망할지도 모른다는 말도 했습니다.

물론 양자 전자기학에 대해서도 논의했습니다. 다이슨은 "우리는 서로 상대의 생각을 비판했고, 이것이 두 사람 모두에게 바른 생각을 할 수 있도록 도왔다"라고 회상하고 있습니다. 파인만은 '기하학 타입'이었지만 다이슨은 슈윙거와 같은 '대수학 타입'이었습니다. 다른 방법으로 생각을 하는 두 사람이 건설적으로 나눈 토론은 서로의 이해를 도왔습니다.

다이슨은 뉴멕시코주에서 파인만과 헤어지고 동해안으로 돌아옵니다. 그리고 미시간 대학교에서 열리는 5주간의 여름학교에 참가해 슈윙거의 강의를 들었습니다. 파인만과의 논의를 경험한 다이슨은 이 강의에 대해 "다른 누구의 설명보다도 이해가 잘됐다"라고 말했습니다. 그리고 이어서 다음과 같이 말했습니다.

"버스가 단조로운 소리를 내면서 네브래스카를 횡단하고 있을 때, 갑자기 어떤 일이 일어났다. … 파인만의 이미지와 슈윙거의 방정식이 내 머릿속에서 이전에는 경험한 적 없었던 조화를 이루기 시작했다. … 종이도 연필도 없었지만, 모두 너무 명쾌해서 그림을 그릴 필요도 없었다."

슈윙거의 대수적 접근과 파인만의 기하학적 접근이 다이슨의 머릿속에서 통일되는 순간이었습니다.

긴 여름이 끝나고 다이슨이 코넬 대학교로 돌아온 무렵, 베테 교수에게 일본에서 온 작은 소포가 도착했습니다. 베테는 그 소포에 든 논문을 여름 방학을 마치고 돌아온 다이슨에게 읽어보라고 했습니다. 논문의 저자는 도모나가 신이치로였습니다. 논문을 읽은 다이슨은 다음과 같이 말합니다.

"슈윙거 이론의 중심적 아이디어가 어떤 수학적 기교도 없이 간단명료하게 서술되어 있었다."

"도모나가는 본격적으로 첫 발자국을 내딛었다. 1948년 봄, 잿더미 속의 도쿄에서 이 감동적인 소포를 우리에게 보냈다."

다이슨은 세 사람의 이름을 넣은 〈도모나가, 슈윙거와 파인만의 방사 이론〉이라는 논문을 발표합니다. 이것으로 세 사람이 노벨 물리학상을 공동으로 수상했습니다. 다이슨의 공헌도 있었지만, 노벨 물리학상의 정원은 3명이었기 때문에 그의 이름은 넣을 수 없었습니다.

그리고 2년 후 아직 박사 학위가 없었던 다이슨은 베테의 추천으로 코넬 대학교의 교수가 됩니다.

다이슨은 물리학 세계에 머물지 않았습니다. 이 책의 후반부에서는 기초 수학부터 원자력공학, 우주공학, 지구 밖 생명체 그리고 핵군축과 안전 보장론에 이르는 폭넓은 분야에서의 활약을 그리고 있습니다. 예를 들면 원자폭탄을 차례차례 폭발시켜서 그 힘으로 항성 사이를 이동하는 로켓을 제안하는 등, 그 발상은 기상천외했습니다. 학창시절에 읽었을 때는 "이런 과학자도 있었구나"하면서 놀라며 이 세계의 크기에 깊은 인상을 받았습니다.

도모나가 신이치로의 〈독일에서의 일기〉

도모나가 신이치로의 이름이 나온 김에 그의 책에 대해서도 이야기하겠습니다.

도모나가는 수필도 잘 썼습니다. 교토에서 자란 도모나가는 리켄의 연구원으로 도쿄에 있을 때는 라쿠고를 즐겼습니다. 나중에는 대학 축제 등에서 독일어로 라쿠고를 직접 공연하기도 했습니다. 이러한 이유 때문인지 도모나가의 문장에서 소탈한 유머가 느껴집니다.

수필집 《거울 속의 세계鏡のなかの世界》에는 도모나가가 라이프치히 대학교의 하이젠베르크 연구실에 유학했을 때 썼던 〈독일에서의 일기〉가 수록되어 있습니다. 일기는 1938년 4월 9일부터 이듬해 5월 28일까지입니다. 이 시기 도모나가는 고뇌를 하고 있었습니다.

당시 물리학계에서는 도모나가의 경쟁자인 유카와 히데키가 각광을 받고 있었습니다. 유카와가 훗날 노벨 물리학상을 수상하게 되는 중간자 이론을 발표한 것은 도모나가가 독일에서 일기를 쓰기 시작하기 3년 전의 일입니다. 도모나가는 연구가 잘 진행되지 않아서 조바심을 가지고 다음과 같이 썼습니다.

"10월 16일, 요즘 마음이 너무 슬프다. … 자연은 왜 더 직접적이고 명료하며 소박하지 않은 것일까?"

"11월 17일, 아침부터 음울한 날씨. 유카와, 사카타, 고바야시, 다케타니가 공동으로 쓴 논문을 받았다. 그들은 잘나가고 있는데, 나는 독일까지 와서 썩어가고 있다. 그리고 계속 우울하다."

그러나 이런 가운데에서도 양자 전자기학의 완성이라는 위대한 업적으로 이어지는 연구를 하며 다음과 같이 썼습니다.

"12월 14일, 계산을 진행해서 적분을 도출했다. … 중간 상태인 양자 중성자가 많아서 적분이 나타나는 것이다."

양자 전자기학의 어려움은 계산을 했을 때 답이 무한대가 되는 것입니다. 도모나가는 이것을 '적분이 나타났다'라고 표현했습니다. 이 문제를 해결한 것이 도모나가의 '재규격화 이론'입니다. 그러나 당시 도모나가의 앞을 막는 벽이 있었습니다.

"11월 22일, 일이 잘 진행되지 않아서 니시나 선생에게 하소연을 했더니 선생으로부터 다음과 같은 답변을 받았다. 니시나 선생은 '업적이 있고 없고는 운입니다. 우리는 앞이 보이지 않는 기로에 서 있습니다. 누군가 먼저 앞으로 나아가서 큰 차이를 보인다고 해도 신경 쓸 필요가 없습니다. 언젠가 좋은 운을 만날 수도 있습니다. 저는 항상 이렇게 기댈 수 없는 것에 기대어서 날을 보내고 있습니다.' 이 답변을 읽고 눈물을 흘렸다. 학교 가는 길에도 계속 이 문구를 떠올리며 눈물을 흘렸다."

여기서 니시나 선생은 일본 근대 물리학의 아버지라고 불리는 니시나 요시오仁科芳雄를 말합니다. 일본 물리학계에서 가장 권위가 있는 '니시나 기념상'은 그를 기념한 것입니다.

《부분과 전체》에 따르면 하이젠베르크가 독일에 머물기로 결정한 것은 1933년인데 '우라늄 클럽'의 회원으로 원자폭탄 개발에 관여하기 시작한 것은 1939년입니다. 하이젠베르크가 어려웠던 이 시기에 도모나가는 그의 연구실에 있었습니다.

독일과 영국 간의 정세가 급박해지자 도모나가는 1939년 8월에 독일을 떠납니다. 그다음 달에는 독일이 폴란드를 침략하고 제2차 세계대전이 시작됩니다. 도모나가는 긴장된 분위기를 자신의 책《과학자의 자유로운 낙원》에 수록되어 있는 '하이젠베르크 교수'에서 다음과 같이 서술하고 있습니다.

"그 무렵의 독일은 나치의 세상이었으므로 하이젠베르크 교수에게는 유쾌하지 않는 일이 적지 않게 있었다. 그는 유태인은 아니지만 그의 학풍이 유태인적이라고 비난을 받은 기사를 당시 신문에서 본 적이 있다."

또한 이 책에는 도모나가가 1954년 요미우리 신문에 기고한 기사도 실려 있습니다.

"세계 물리학의 중심에는 독일이 있었다. 이 무렵 독일의 물리학은 휘황찬란해서 젊고 우수한 학자들이 구름처럼 등장했다. 그러다 갑자기 이 현상이 수그러들었는데 그 이유 중 하나는 유태인계 학자가 망명을 했기 때문이라고 했지만 결코 그것만이 원인은 아니었다. 나치의 잘못된 정책으로 기초과학을 경시하는 풍조가 나라 전체에 퍼졌기 때문이다."

독일은 이 책의 제4부에서 설명하는 '훔볼트 이념'을 통해 19세기 전반에 대학 제도를 정비하고 그 후 한 세기에 걸쳐서 세계 과학의 중심이 되었습니다. 그런데 잘못된 정책으로 인하여 불과 수년 만에 쇠퇴해버린 것입니다.

'자유로운 낙원'에서 멋진 날들

앞에서 거론한 《과학자의 자유로운 낙원》이라는 책의 이름은 독일 유학 전후에 도모나가가 일을 한 리켄을 가리킵니다.

전쟁 전에 설립된 연구소는 순수 과학을 추구하는 연구 부문과 그 발견을 신제품과 연결하는 개발 부문으로 이루어집니다. 이사장인 오코치 마사토시大河内正敏는 기업 정신이 뛰어난 사람으로 리켄이라는 회사를 설립했습니다. 그리고 이를 기반으로 연구소의 발명을 공업화하는 여러 벤처 기업을 만들었습니다. 이를테면 비타민A를 제조한 '리켄 비타민'은 지금도 '마보マボちゃん'나 '늘어나는 미역ふえるわかめちゃん'이라는 제품으로 널리 알려져 있습니다. 사무기기나 광학기기 브랜드 '리코RICHO'는 원래 연구소에서 개발된 감광지의 제조 및 판매를 하는 회사였습니다. 그 외에도 합성주나 알루마이트 발명·제조·판매로도 수익을 창출하고 있습니다.

리켄의 연구비 중 약 75퍼센트는 이런 영리 기업에서의 수입으로 조달되고 있었습니다. 새로운 지식을 창조하는 기초 연구와 사회·경제적 가치를 찾아내는 응용 연구가 잘 연계되고 있었던 것입니다. 넉넉한 재원은 '과학자의 자유로운 낙원'을 가능하게 했습니다.

리켄에서 도모나가를 지도한 니시나는 1921년부터 유럽에서 유학을 했는데 1923년에는 코펜하겐의 닐스 보어 연구소에도 소속되어 있었습니다. 그리고 1925년 양자역학의 탄생을 그 현장에서 목격했습니다. 위계가 없는 자유로운 토론을 경험한 니시나는 '코펜하겐의 정신'을 리켄으로 들여왔습니다. 《거울 속의 세계》에 수록되어 있는 '나의 스승, 나의 친구'에서 도모나가는 리켄의 모습을 다음과 같이 멋지게 묘사하고 있습니다.

"리켄에서 놀란 것은 완전히 자유로운 분위기였다. 젊은 사람들도 전혀 눈치를 보지 않고 토론한다. 이런 활기찬 공기 속에서 교토에서의 답답한 기분이 하나하나 벗겨지는 것 같았다."

교토 대학교의 연구소에서 도모나가는 유카와와 같은 방을 사용했습니다. 이 수필에서 그는 유카와에 대해서 "때로는 예민해서 서로 입을 열지 않았을 때도 있었다"라고 서술한 것으로 보아, 두 사람의 관계는 복잡했던 것 같습니다.

도모나가는 다음과 같이 회상하며 쓴 것도 있습니다.

"연구 주제나 방법을 선택하는 것은 연구원에게 자율적으로 맡겨졌고 연구가 유용하지 않다고 불평을 듣는 일도 없었다."

"연구의 필수 조건은 무엇보다도 연구자라는 사람이다. 그 사람의 양심을 믿고 자유롭게 맡기는 것이다. 좋은 연구자는 … 무엇이 중요한지 스스로 판단할 수 있다."

여기서 도모나가가 지적한 것은 오늘날의 과학 정책과도 깊은 관계가 있기 때문에 이 책의 제4부에서 다시 생각해보도록 하겠습니다.

리켄·니시나의 원자폭탄 연구

리켄에서 도모나가의 상사였던 니시나도 제2차 세계대전 중에는 원자폭탄 연구와 관련이 아예 없지는 않았습니다.

1938년 독일의 오토 한Otto Hahn 등이 중성자 조사照射에 의한 우라늄 핵분열 반응을 발견하자 핵분열로 엄청난 에너지를 만들어낼 수 있다는 것을 알았습니다. 이들은 우라늄이 흡수할 수 있는 느린 중성자를 조사해야만 핵분열이 일어난다고 생각했습니다. 그러나 니시나의 연구 팀은 리켄에서 막 완성한 소형 사이클로트론cyclotron(원형가속기의 일종)을 이용해서 가장 빠른 중성자에서도 핵분열이 일어나는 것을 발견했습니다.

이것은 중요한 발견이었습니다. 이를테면 《부분과 전체》의 하이젠베르크와 바이츠제커의 대화에서 하이젠베르크가 "자연 상태로 존재하는 우라늄으로는 빠른 중성자에 의한 연쇄반응을 일으키지 못한다. 따라서 이것으로 원자폭탄도 만들 수 없다. 이것은 대단한 행운이다"라고 말했습니다. 하이젠베르크는 니시나의 발견을 알지 못했기 때문에 원자폭탄은 만들 수 없다고 생각한 것입니다.

니시나는 대형 사이클로트론 건설을 계획했습니다. 그리고 이 설계의 조언을 받기 위해서 야사키 다메이치矢崎為一를 비롯한 연구원들을 캘리포니아 대학교 버클리 캠퍼스의 어니스트 로런스Ernest Lawrence에게 파견했습니다. 당시 로런스는 미국의 원자폭탄 개발 계획에 참가하고 있어서 미국 연방정부에 의해 실험실 공개가 금지되었습니다. 그럼에도 불구하고 일본에서 온 야사키 연구 팀을 환영했습니다. 그리고 야사키에게 '빠른 중성자'에 의한 핵분열 연구 성과를 듣고 바로 실험을 시작했습니다. 미국과 일본이 전쟁을 시작하기 2년 전의 일입니다.

그리고 6년 후 히로시마와 나가사키에 투하된 원자폭탄에 사용된 것은 바로 이 빠른 중성자였습니다.

1941년 4월 육군은 리켄의 니시나에게 '우라늄 핵분열의 군사 이용 조사'를 의뢰합니다. 하이젠베르크가 받은 '우라늄 클럽'의 초대장과는 달리 강제적인 것은 아니었습니다. 대형 사이클로트론의 완성에 전력을 쏟고 싶었던 니시나는 처음에는 소극적이었습니다. 그러나 많은 젊은이들을 병역으로부터 지킬 수 있다는 것과 거액의 개발비 일부를 사이클로트론을 건설하는 데 쓸 수 있다는 점에서 그 의뢰를 수락했습니다.

니시나는 의뢰를 수락하기 전 담당 군인에게 "핵분열은 원자폭탄에도 사용할 수 있고 에너지원으로도 사용할 수 있다. 어느 쪽이 먼저 개발될지는 모른다"라고 말했습니다. 그러자 담당 군인은 "어느 쪽이 먼저라도 상관이 없다"라고 답했다고 합니다. 우라늄 클럽에서의 하이젠베르크와 바이츠제커의 대화가 떠오르는 부분입니다.

1941년 2월 진주만 공격으로 미국과 일본의 전쟁이 시작되고, 반년 후 미드웨이 해전에서 일본 해군은 대패합니다.

이 무렵 "우라늄 농축의 이론 계산을 돕겠습니다"라고 말했던 도모나가에게 니시나는 "너는 그냥 공부나 해라"라면서 쫓아냈습니다. 당시 도모나가는 양자 전자기학을 연구하고 있었는데 그중 노벨 물리학상을 수상할 수 있었던 〈장의 양자론의 상대율적 정식화에 대해〉를 리켄의 잡지에 게재했습니다. 니시나는 도모나가의 기초 연구의 중요성을 알고 있었기 때문에 원자폭탄 연구를 못하게 했는지도 모릅니다. 그러나 도모나가도 군사 연구와 전혀 인연이 없는 것은 아닙니다. 그는 해군 기술 연구소에서 레이더 등에 사용하는 마그네트론magnetron 발진기와 입체회로의 이론적 연구에 종사한 적이 있습니다.

과학자로서의 호기심 vs 사람으로서의 윤리

하이젠베르크와 보어가 등장하는 〈코펜하겐〉처럼 도모나가를 모델로 한 희극도 있습니다. 도쿄 대학교가 위치한 혼고의 하숙집을 무대로 하는 〈도쿄 원자핵 클럽〉입니다. 나는 록본기의 극장에서 관람했습니다. 물리학에 관한 내용을 다룬 부분은 정확했습니다. 도모나가의 갈등도 나와 같은 과학자가 납득할 수 있게 그려져 있었습니다.

작품 후반에서는 원자폭탄 개발과 이에 대한 과학자의 태도를 주제로 한 내용을 다뤘습니다. 도모나가를 모델로 한 인물 '도모타'는 전쟁이 끝나고 다행히 불에 타지 않고 남은 하숙집을 찾아 히로시마와 나가사키의 원자폭탄 투하에 대해서 "인간의 대뇌피질이 발달을 계속하는 한 인간은 계속 자연 법칙을 탐구할 것이다"라고 자신의 고뇌를 말했습니다.

다이슨의 《프리먼 다이슨, 20세기를 말하다》에도 미국을 횡단하는 여행 도중 파인만이 비슷한 말을 하는 장면이 있습니다. 파인만이 맨해튼 계획에서 핵폭발의 효율을 계산하는 팀의 리더를 맡았고 독일에 지지 않으려고 원자폭탄 개발을 서두르면서 "하도 치열하게 노를 젓다 보니 독일은 전쟁에서 탈락하고 우리만 계속 경쟁을 하고 있다는 걸 아무도 몰랐다. 결승선을 넘어 최초의 원자폭탄 시험의 날 지프차 지붕 위에 앉아서 기쁨에 겨워 봉고(작은 북)를 두드리고 있었다."

"나중에 비로소 그는 생각할 수 있는 여유가 생겼고, 처음에 본능적으로 답한 것(원자폭탄 연구에 초청되었을 때 '싫습니다'라고 말한 것)이야말로 옳은 것일 수 있었다고 생각했다. 그 이후 군부 연구에 참가하는 일을 일절 거절했다. 그는 자신의 일에 너무 유능하고 그것을 지나치게 즐겼다는 걸 알고 있었다."

하이젠베르크, 다이슨, 도모나가 그리고 파인만의 이야기에서 공통되는 것은 과학자로서의 지적 호기심과 인간으로서의 윤리관이 모순되었다는 것입니다.

지적 호기심은 과학자에게 자연 현상을 해명하게끔 합니다. 나는 불교학자인 사사키 시즈카佐々木閑와의 공저 《지구인들을 위한 진리 탐구》에서 인간의 지적 욕구에 대해서 "어떤 일이라도 그 기능이 제대로 발휘될 수 있을 때 행복하다고 생각합니다"라고 기술했습니다. 예를 들면 우리 집에서 키우는 테리어는 원래 사냥개라서 들판에서 다람쥐나 새를 쫓을 때 활기찹니다. 사람도 데카르트가 "나는 생각한다. 고로 존재한다"라고 말한 것처럼 의식이 있다는 것, 생각할 수가 있다는 것이 살아 있다고 느끼는 것의 근간에 있습니다. 그래서 나는 다음과 같이 결론지었습니다.

"보다 깊이, 보다 바르게 사물을 이해하려고 하는 것이 의식의 본래의 기능입니다. 사물을 보다 깊이 이해하는 것이 보다 깊은 행복으로 이어진다고 생각하는 것도 바로 이것에 기초합니다."

그러나 과학자는 자연 현상의 해명이라는 기능을 발휘하는 과정에서 자신의 윤리관과 모순될 수 있습니다. 이를테면 과학이나 기술의 극한을 요구하는 군사 기술의 개발에는 도전해야 할 문제가 많은데 이는 과학자의 호기심을 자극합니다. 그러나 그 결과 인류에 큰 재앙을 가지고 오기도 합니다.

과학의 발견은 선도 악도 아니다

기초과학의 연구도 인류의 지식의 경계를 넓히려고 하기 때문에 과학이나 기술의 한계를 요구합니다. 그래서 기초 연구에서 탄생한 기술이 생각지도 못한 곳에서 응용됩니다. 유럽 원자핵 공동연구소Conseil Européen pour la Recherche Nucléaire, CERN에서는 몇천 명의 연구자가 정보를 공유하기 위해서 인터넷상으로 정보를 교환하는 '월드 와이드 웹'을 발명했습니다. 지금 이

혜택을 받지 못하는 사람은 없을 것입니다.

기초과학의 발견은 그 자체로서는 윤리적으로 선도 악도 아닙니다. 원래 발견된 단계에서는 어떤 실용성이 있는지 알 수 없는 경우가 많습니다. 그래서 과학의 발견은 '가치 중립적'이라고 합니다. 여기서 '가치'란 사회에 도움이 되는지 아니면 해를 끼치는지를 의미입니다. 발견 그 자체의 학문적 가치를 말하는 것이 아닙니다. 이것은 19세기 말에서 20세기 초에 활약한 사회학자 막스 베버Max Weber가 과학 본연의 자세로서 정치, 윤리, 사회, 경제 등의 가치 판단에서 독립된 지식 체계를 표현하기 위해서 사용한 말입니다.

가치 중립적인 발견에서 사회적·경제적 가치를 찾아서 실용화하는 것은 그 자체가 과학과는 다른 창조적인 일입니다. 예를 들면 리켄은 순수 과학을 추구하는 연구 부분과 그 발견을 신제품으로 연결하는 개발 부분으로 나뉘어 있습니다. 연구 부문에서 발견된 것을 개발 부문에서 실용화하고, 차례차례로 벤처기업으로 발전시킨 오코치 마사토시는 가치 중립적인 과학의 발견에서 가치를 찾는 창조적인 일을 한 것입니다.

과학적 발견에서 군사적 가치를 갖는 발견을 할 수도 있습니다. 이를테면 세상사와 동떨어진 학문이라고 생각되는 천문학에서도 관측을 위해 개발된 최첨단 기술이 군사에 사용되기도 합니다. 이 때문에 미국에서는 규모가 큰 천문학 관련 프로젝트에 중국 과학자를 참가시키지 않는 경우가 늘고 있습니다. 군사적으로 가치가 있는 기술을 도난당할 우려가 있기 때문입니다.

군과 천문학자가 한쪽은 군사를 위해서 다른 한쪽은 기초과학을 위해서 같은 기술을 독립적으로 발명한 적도 있습니다. 미국과 소련의 냉전 시대 때 미 국방성은 소련 연방의 정찰위성을 추적하는 기술을 개발하고 있었습니다. 그러나 지상에서 인공위성을 촬영하려고 하면 대기의 흔들림 때문에 화상이 일그러집니다. 이 문제를 함께 고민했던 과학자들은 대기권의 상공에 나트륨층이 있다는 것에 주목해서 거기에 레이저를 비추어서 빛을 내는 방법을 생각해냈습니다. 상공의 나트륨으로부터의 빛으로 대기의 흔들림을 관측하면 정찰위성의 화상을 수정할 수 있습니다. '광학 보상'이라는 이 기술은 군사 기밀입니다. 그런데 프랑스의 천문학자가 천체 관측을 위해서 같은 기술을 발명하고 논문으로 발표해버려서 국방성이 지금까지 기밀로 한 기술을 공표하지 않을 수 없게 되었습니다. 대기의 흔들림을 관측해서 화상을 수정하는 기술 그 자체는 '가치 중립'이지만 이 기술이 군사와 기초과학 모두에서 사용됩니다.

최근 급격하게 발전하고 있는 양자 컴퓨터나 인공지능의 기술 등도 그 자체는 가치 중립입니다. 우리들의 생활을 개선하기 위해서 쓰이는 한편, 군사에서 응용도 가능합니다. 양자 컴퓨터의 기술은 적국의 암호 해독에 쓰일 가능성이 있기 때문에 미 국방성은 연구에 큰 투자를 하고 있습니다. 빅데이터의 기술이 정치에 악용되는 일이 문제가 되기도 합니다.

무라카미 요이치로村上陽一郎가 《새로운 과학론》에서 지적한 바와 같이 '과학은 원래 인간이 영위한 것'이고 '인간과 인간의 사회로부터 떨어져서' 존재하지 않습니다. 하이젠베르크, 도모나가, 다이슨, 파인만의 갈등은 75년 이상 전의 일입니다. 그러나 지적 호기심과 윤리적 가치관의 모순은 오늘날에도 존재하는 문제입니다. 과학자나 기술자가 되고자 하는 사람은 이들의 회고록을 읽고 나라면 어떻게 했을지 생각해보는 것도 좋을 것 같습니다.

기초과학은 지도가 없는 여행 - 유카와 히데키의 《나그네》

도모나가 신이치로의 책을 몇 권이나 이야기했으니 그의 경쟁자이자 그를 힘들게 한 유카와 히데키의 이야기도 하겠습니다.

청소년 시절 유카와는 나의 영웅이었습니다. 초등학교 때 읽은 그의 전기에는 중간자의 존재를 한밤중 이불 속에서 생각해냈다는 설명이 있었습니다. 사고력만으로 자연계의 가장 깊고 흔들림이 없는 진리에 도달했다는 사실에 감동했습니다. 유카와의 노벨상 수상식에서는 스웨덴 왕립과학 아카데미 회장이 "당신의 두뇌는 실험실이고, 연필과 종이는 실험기구네요"라며 칭찬했습니다.

《나그네旅人》는 50살이 된 유카와가 어린 시절부터 중간자론을 발견하기까지의 시간을 회상한 책입니다. 책 제목은 '미지의 세계를 탐구하는 사람들은 지도를 가지지 않는 나그네다'

라는 유명한 한 구절에서 가지고 왔습니다. 공학과 같은 학문에서는 '무언가를 실현하고 싶다'라는 확실한 목표가 있는 경우가 많기 때문에 그것을 위한 지도를 쉽게 그릴 수 있습니다. 그러나 기초과학의 경우는 자신이 그린 그대로 연구가 진행되는 일은 거의 없습니다. 처음에 목표한 것과는 전혀 다른 성과를 얻을 수도 있습니다. 나 역시도 연구가 계획대로 진행되지 않았지만 생각지도 못한 발견으로 좋은 결과를 얻었던 경험이 있습니다. 그러니 왜 지도도 없고 행선지도 모른 채 어정버정 걸어가는 '나그네'라고 하는지를 잘 이해할 수 있었습니다.

일본에서는 이론 물리학자로서 도모나가 신이치로보다 유카와가 더 유명합니다. 그러나 나는 도모나가 스타일을 더 동경합니다. 그 이유는 다음과 같습니다. 도모나가와 유카와가 전공한 소립자론의 연구는 아래와 같이 크게 두 분야로 나뉩니다.

> 분야1: '양자 전자기학'이나 '초끈이론'과 같이 이론을 연구하고, 이것을 이용해서 자연 현상을 이해하는 방법을 개발하는 분야
>
> 분야2: 이렇게 개발된 이론적 방법을 이용해서 소립자 현상을 설명하는 '이론 모델'을 구축하는 분야

유카와의 중간자론은 자연계의 기본적인 힘을 설명하기 위해서 중간자라는 '이론 모델'을 제창한 것으로 분야2에 속합니다. 한편 도모나가는 양자 전자기학을 완성하며 분야1에서 큰

업적을 남겼습니다. 일본이 노벨상을 석권한 2008년, 물리학상 수상자 중 난부 요이치로는 대칭성의 자발적 파괴의 일반적 성격을 밝혔는데, 이는 분야1에 해당합니다. 한편 쿼크quark가 6종류 이상 필요하다고 예측한 마스카와 도시히데와 고바야시 마코토의 업적은 분야2에 해당합니다.

나는 장의 양자론과 초끈이론의 이론적 탐구에 몰두해왔기 때문에 분야1의 연구자입니다. 그래서 도모나가의 〈독일에서의 일기〉를 읽으면 그의 고뇌를 몸으로 느낄 수 있었습니다. 또한 도모나가의 책을 읽고 그의 사고법을 배우는 일은 나의 연구에도 도움이 되었습니다. 이에 비해 유카와가 이불 속에서 중간자의 존재를 생각해냈다는 이야기는 초등학생일 때는 감동했지만 발상이 지나치게 천재적이어서 나의 연구에는 도움이 되지는 않았습니다.

개념을 창조하다 - 슈뢰딩거의 《생명이란 무엇인가》

이 장의 마지막에서 학창시절 독서를 통해서 영향을 받은 물리학자를 또 한 사람 소개하겠습니다. 보어나 하이젠베르크와 나란히 양자역학 창설에 크게 공헌한 오스트리아 출신의 이론 물리학자 에르빈 슈뢰딩거Erwin Schrödinger입니다. 양자역학의 불가사의한 성질을 예시하는 '슈뢰딩거의 고양이'는 사고 실험으로 유명합니다.

슈뢰딩거는 하이젠베르크가 양자역학을 창설한 이듬해에 양자역학의 기본 방정식을 발표했습니다. 그의 방정식은 수학적으로 하이젠베르크의 이론과 등가였지만 하이젠베르크의 방정식과는 전혀 다른 방법으로 표현한 것이었습니다. 하이젠베르크의 이론은 당시 물리학자에게는 낯선 새로운 수학을 이용해 난해한 것이었지만 슈뢰딩거 방정식의 경우는 조머펠트와 같은 옛날 방식에 익숙한 물리학자에게도 쉽게 이해가 되는 것이었습니다.

《부분과 전체》에서는 조머펠트의 세미나에서 하이젠베르크와 슈뢰딩거가 대결하는 모습을 회상합니다. 두 사람은 양자역학의 해석에 대해서 다른 견해를 가지고 있었습니다. 그런데 슈뢰딩거의 방정식이 더 쉬워서 설득력이 있었습니다. 조머펠트도 슈뢰딩거의 방정식에 동감했습니다. 이에 하이젠베르크는 실망을 하며 "이 토론에서 나는 운이 없었다"라고 말했다고 합니다. 그러나 양자역학 후의 발전은 하이젠베르크의 해석이 옳았다는 것을 시사합니다.

여기서 거론한 슈뢰딩거의 책은 양자역학이 아니라 생물에 관한 것입니다. 그의 조국인 오스트리아가 독일 나치에 합병되었기 때문에 아일랜드로 망명한 슈뢰딩거는 1943년 거기서 강연을 했습니다. 이 강연을 정리한 책이 《생명이란 무엇인가》입니다.

생명이라는 자연 현상은 실로 불가사의한 것이어서 생물학자도 간단하게 정의할 수 없습니다. 슈뢰딩거는 '생명이란 무엇인가'라는 큰 주제를 물리학의 방법으로 접근했습니다. 이 책에서 그가 말한 비전은 DNA의 이중나선 구조를 발견한 제임스 왓슨James Watson과 프랜시스 크릭Francis Crick에게도 큰 영향을 미쳤습니다.

물리학은 '방법의 학문'이므로 그 방법은 물체의 운동만이 아니라 모든 자연 현상의 이해에 활용할 수 있습니다. 대학교 교양 학부에서 공부한 《파인만의 물리학 강의》에서도 물리학의 방법으로 꿀벌의 눈 구조를 이해하는 대목이 있습니다. 여기서 파인만의 설명은 물리학의 전통적 분야인 광학 이론을 응용하고 있습니다. 이에 비해 슈뢰딩거는 '생명이란 무엇인가'라는 생물학 근원의 문제에 대해 물리학으로 접근하여 정면으로 파고드는 새로운 이론을 세우려고 했습니다. "물리학은 어떤 문제에 사용해도 되는 것이다"라는 새로운 길이 열린 것 같았습니다.

또한 슈뢰딩거는 이 책에서 물리학이 진보해나가는 데 있어서 '개념의 창조'가 중요하다는 것을 강조하고 있습니다. 나는 여기서도 강한 인상을 받았습니다.

물리학 발전에 있어서 새로운 개념이 중요해지는 경우가 몇 가지 있습니다. 하나는 전기장이나 자기장, 중력장에서의 '장'입니다. 장은 물체처럼 공간의 어딘가에 있는 것이 아니라, 공간 전체에 골고루 퍼져 있는 상태를 말합니다. 이런 개념이 받아들여지기까지 긴 시간이 필요했습니다.

'장' 개념 등장에 대해 아인슈타인과 인펠트Infeld의 공저《물리는 어떻게 진화했는가》에서는 다음과 같이 말하고 있습니다.

"뉴턴 이래 가장 중요한 개념이 물리학에 등장했다. 바로 '장'이다. 물리 현상의 기술에 있어서 전하나 입자가 아니라, 전하와 입자 사이의 공간에 퍼진 '장'이야말로 중요하다는 것을 알게 되기까지 위대한 과학적 상상력이 필요했다."

'장'이라는 개념이 물리학에 정착해나가는 역사는 야마모토 요시타카山本義隆의 저서 《과학의 탄생: 자력과 중력의 발견, 그 위대한 힘의 역사》의 주제가 되기도 했습니다.

이렇게 새로운 현상을 해명하기 위해서는 가끔 새로운 개념이 필요해집니다. 슈뢰딩거는 "'생명이란 무엇인가'라는 큰 문제를 물리학 접근으로 이해하려면 새로운 개념이 필요해질 것이다"라고 말합니다. 이 개념이 어떤 것이라고는 기술하고 있지 않습니다. 그러나 이 책을 통해 학문에 있어서 개념이 얼마나 중요한 것인지를 알게 되어 나의 연구에 큰 영향을 미쳤습니다.

'개념'의 사용에 주의하라

개념의 중요성은 물리학에 국한되지 않습니다. NHK의 보도 프로그램 〈클로즈 업 현대〉를 프로그램 시작부터 23년 동안 진행하고 있는 구니야 히로코의 저서 《캐스터라는 일》에는 시인 오사다 히로시와의 대담이 인용되어 있습니다. 오사다는 다음과 같은 말을 합니다.

"뉴스라는 프로그램은 이제까지 없었던 사건을 앞에 두고 이것을 어떻게 표현할 것인가에 대한 '말'을 찾지 못하면 전달되지 않는다. 뉴스는 정보와 동시에 개념을 제시하지 않으면 안 되기 때문이다. … 명료하지 않은 것을 말을 통해 개념으로 만들어나간다."

뉴스에서 새로운 사실을 표현하기 위해서 '언어'를 찾는 일은 물리학에서 새로운 개념을 정의하는 것과 닮은 것 같습니다.

여기서 구니야는 "새로운 사실을 표현하기 위한 말이 때로는 양날의 칼이 되기도 한다"라고 지적합니다. (일본에서) 중의원 과반수를 확보한 여당이 참의원 과반수를 확보하지 못한 상황을 '뒤틀린 국회'라고 하는데, 이 말에는 옳고 그름의 판단이 숨어 있습니다. 구니야는 '뒤틀린'이라는 말은 그 자체가 뭔가 정상이 아닌 사태, 시정해야 하는 사태라는 이미지가 있다고 지적합니다. '뒤틀린 국회'에서는 법안이 좀처럼 성립되지 않는 면이 있습니다. 그러나 선거를 통해 만들어진 것이기 때문에 민의가 반영된 것이기도 합니다. 비록 시간이 걸려도 중의원과 참의원이 서로를 살펴가면서 나아간다면 이러한 형태의 국회도 건전한 의사 결정을 할 수 있습니다. 이 때문에 뒤틀린 국회라고 해서 반드시 시정해야 할 상태라고는 할 수 없습니다.

이렇게 만들어진 개념이 혼자 걸어가 생각을 묶어버리는 일이 물리학에서도 있는 일입니다. 이를테면 물리학자가 열 현상 연구를 시작했을 때 '열'이라는 말이 있기 때문에 어떤 물질의 고유의 양이라고 생각하는 시기가 있었습니다. 그러나 그 후 열역학이나 통계역학의 발전으로 열이란 물질의 고유의 성질이 아니라 물질 사이의 에너지 교환의 한 형태라는 것을 알았습니다.

《방법서설》에서 내가 납득할 수 없었던 신의 존재를 증명하는 과정에서도 데카르트는 '개념이 있다면 이것에 대응하는 실체가 있다'는 오류를 범하고 있었다고 생각합니다. 개념은 이해를 돕지만 그럼에도 불구하고 개념을 사용하는 데는 주의가 필요합니다.

새로운 개념을 생각해냈다면 그것에 걸맞은 이름을 붙여주어야 합니다. 예를 들면 원자핵 안에 있는 양성자나 중성자는 기본적인 소립자 세 개의 조합으로 이루어져 있습니다. 조합에 따라 양성자가 되기도 하고 중성자가 되기도 합니다. 이것을 생각해낸 머리 겔만은 소립자를 '쿼크'라고 명명했습니다. 이 이름은 제임스 조이스 James Joyce의 소설 《피네간의 경야》에서 갈매기가 '쿼크'라고 세 번우는 것에서 가지고 온 것입니다. 같은 시기에 조지 츠바이크George Zweig도 같은 소립자를 생각해냈고 그것을 '에이스'라고 명명했습니다. 그런데 트럼프에서 에이스 카드는 3장이 아니라 4장이라서 알맞는 이름이 아닙니다. 이후 쿼크라는 이름이 정착되었고 '쿼크의 발견자는 겔만'이라는 인식이 남게 된 것입니다.

제2부

타지에서 학문을 배우고 닦은 시절

새로운 지식을 창조하다

지금까지 나의 초등학교 시절부터 대학교를 졸업할 때까지를 되돌아보았습니다. 나는 소립자론을 연구하는 학자가 되고 싶어서 학부 졸업 후 대학원에 진학했습니다.

박사 과정에 진학하는 대학원생이 해야 할 일은 이제까지의 공부와는 전혀 다릅니다.

일본에서는 박사 과정에 진학할 때, 박사 논문을 위한 연구가 준비되어 있어야 합니다. 미국 대학원에서도 비슷한 시기에 '박사 후보 심사'를 받습니다. 여러 분야의 교수들로 이루어진 위원회 앞에서 연구 계획을 발표하고, 그 분야에 대한 지식, 연구의 현황이나 미래의 전망에 대해서 구두로 시험을 봅니다. 박사 학위를 받을 만큼의 가치가 있는 연구를 수행할 잠재력이 있는지를 판단하는 것입니다. 합격하면 '박사 후보자'로서 연구를 본격적으로 시작할 수 있습니다. 이러한 과정을 통해 대학원생이 되는 것입니다. 이 시점에서 "나는 박사 후보자입니다"라고 자랑스럽게 자기소개를 하는 사람도 있습니다.

박사 논문을 완성하면 그다음은 논문 심사입니다. 심사 위원회의 교수들이 다양한 질문을 하는데, 자신의 연구를 통해 인류의 지식을 널리 발전시키고 과학의 발전에 가치 있는 공헌을 했다는 사실을 납득시켜야 합니다. 지도 교수에게 있어서도 제자의 박사 논문 심사는 자신의 교육과 지도력을 시험하는 장입니다. 나도 나의 제자가 심사를 받을 때는 늘 긴장합니다.

박사 학위를 받을 수 있는 사람은 새로운 지식을 창조한 사람에 한합니다. 지식이 풍부하다는 것만으로 박사가 될 수 없습니다. 이제까지 아무도 알지 못했던 것을 발견하고 인류의 지식을 발전시켜야 하는 것이 박사 학위의 조건입니다.

대학원에서 길러야 할 세 가지 힘

이 책의 제1부 '공부의 세 가지 목표'에서 언급한 대학까지 공부의 목표는 다음과 같습니다.

1. 자신의 머리로 생각하는 힘을 키운다
2. 필요한 지식이나 기술을 몸에 익힌다
3. 언어로 전달하는 힘을 키운다

그런데 대학 졸업 후 대학원에 진학하면 목표가 바뀝니다. 대학원은 다음의 세 가지 힘을 키우는 곳이라고 생각합니다.

1. 문제를 찾는 힘

대학까지의 교육에서는 주어진 문제를 푸는 것만 해도 괜찮았을지 모르지만 대학원에서는 스스로 문제를 찾는 힘을 키워야 합니다. 그런데 그 문제가 새로운 것이라고 다 좋은 것은 아닙니다.

내가 고등학생 때 읽은 푸앵카레의 《과학과 방법》에는 과학의 폭넓은 분야에 영향을 미치는 보편적 성과를 얻는 것이 중요하다고 말하고 있었습니다. 한편 현존하는 지식이나 기술로 성과를 얻을 수 있는 문제여야 합니다. 대학원을 다니는 수년 사이에 박사 논문을 완성해야 하니, 그 기간에 해결 가능한 문제를 찾아야 합니다.

이 모두를 충족시키는 문제를 찾기 위해서는 먼저 연구 분야를 높은 곳에서 내려다보고 그 최첨단이 무엇인지를 확인해야 합니다. 가능성이 있고 충분히 도전할 수 있는 문제는 그보다 조금 더 앞에 있을 것입니다. 이것을 토대로 노력하면 어렵기는 하지만 해결할 수 있는 연구 과제를 찾을 수 있습니다. 이것이 연구자에게 요구되는 '문제 발견의 힘'입니다. 미국 대학원 박사 후보 심사에서 따지는 것은 그런 좋은 문제를 발견했는지 여부입니다. 그것을 발견한 사람만이 박사 후보자가 될 수 있습니다.

2. 문제를 푸는 힘

이것은 당연히 필요한 능력입니다. 모처럼 좋은 문제를 찾았다고 해도 문제를 풀 수 없다면 의미가 없습니다. 반면 필요한 지식이나 기술을 전부 익히기 전까지는 문제에 도전하지 못하는 학생을 보기도 하는데 어떤 지식이나 기술이 필요할지 모르는 것이 최첨단의 연구입니다. 이제까지 아무도 가지 않은 곳을 가고, 아무도 풀지 못한 문제를 푸는 것이기 때문입니다.

때로는 과감하게 문제에 도전할 용기가 필요합니다. 구체적으로 문제를 접하는 것만으로도 어떤 지식이나 기술이 필요한지 알게 되는 경우도 있습니다. 여기에 집중하면 필요한 지식과 기술을 효율적으로 습득하고자 하는 목적의식도 생깁니다. 새로운 지식이나 기술이 필요해졌을 때, 바로 배워서 연구에 도움이 되도록 하는 것도 '문제를 푸는 힘'의 일부라고 할 수 있습니다.

3. 끈기 있게 생각하는 힘

가치 있는 것을 발견하고, 인류의 지식을 널리 발전시키는 일은 간단하지 않습니다. 답을 찾기 위해서는 포기하지 않고 오랜 시간 끈기를 가지고 생각을 지속하는 힘이 필요합니다. 내가 이것을 처음으로 실감한 것은 20대 중반 프린스턴 고등연구소 연구원이 되었을 때입니다.

도쿄에서 연구를 하고 있던 나는 프린스턴의 획기적 논문을 계속 받아보았습니다. 그래서 그곳에 부임할 당시는 "프린스턴 고등연구소에는 어떤 천재와 수재가 모여 있을까?"라고 생각하며 긴장을 했습니다.

그런데 실제로 그곳의 연구자와 만나서 이야기를 해보니 그들의 일상적 토론은 그리 날카롭지 않았습니다. 칠판에 수식을 적으면서 "이것도, 저것도 아니다"라고 하면서 고민하는 모습이 도쿄에서 나의 일상과 다르지 않았습니다.

그런데 사고를 지속하는 체력은 완전히 달랐습니다. 다음 날에도, 그다음 날에도 같은 칠판 앞에서 "모르겠다"라고 하면서 머리를 흔들다가 누군가 지나가면 붙잡아서 "너는 어떻게 생각하니?"라고 묻습니다. 그러다가 연구실에 틀어박혀서는 아침부터 밤까지 오랫동안 계산을 합니다. 같은 문제를 포기하지 않고 계속 생각하다가 마침내 문제를 풀어냅니다. 이렇게 문제를 처음부터 끝까지 깊이 이해할 때까지 완고하게 생각하는 강한 지구력에 감탄했습니다.

유카와 히데키가 자서전 《나그네》에서 "미지의 세계를 탐구하는 사람들은 지도를 가지고 있지 않은 나그네다"라고 서술한 바와 같이, 과학 연구는 오아시스를 찾아서 사막을 헤매는 일과 같습니다. 지도가 없기 때문에 어디로 가야 오아시스가 있는지 알지 못합니다. 오아시스가 있다는 보장도 없습니다. 몇 년에 걸쳐서 생각한 것이 열매를 맺지 못할 수도 있다는 생각에 불안해지기도 합니다. 그럼에도 불구하고 생각을 이어가기 위해서는 끈기가 필요합니다.

친한 친구 중 브라질 여성과 결혼을 해서 부에노스아이레스로 이주하여 유네스코 남미기초연구소의 소장을 맡고 있는 네산 벨코비츠라는 연구자가 있습니다. 그는 '끈 장론string field theory'이라는 큰 프로젝트에서 장의 양자론 형식을 이용해서 끈이론을 완성하려고 합니다. 어려운 주제라서 아직 완성하지 못했지만 벨코비츠는 다른 연구를 하고 있을 때에도 반드시 하루 한 시간은 책상에 앉아서 '끈 장론'에 대해서 생각합니다. 수개월의 이야기가 아닙니다. 이것을 30년 이상 계속하고 있습니다. 그 정도 끈기 있게 연구를 해야 아무도 가지 못한 높은 곳에 도달할 수 있는 것입니다.

나중에 이야기하겠지만 나도 몇십 년에 걸쳐 완성한 연구가 몇 개 있습니다. 박사 논문에서 해결하지 못한 문제를 20년에 걸쳐 푼 경험도 있습니다. 이런 연구는 무엇보다 만족도가 높고 학계에서도 높이 평가를 받습니다.

물론 이런 연구에는 위험도 있습니다. 몇 년에 걸쳐 연구를 했지만 아무런 성과를 얻지 못하는 경우도 있기 때문입니다. 그래서 많은 전문 과학자는 중요하지만 어떠한 성과도 얻지 못할 가능성이 있는 프로젝트와 단기간에 어느 정도 성과를 확실하게 얻을 수 있는 프로젝트를 동시에 진행합니다.

금융 투자 전문가에게 주식 투자에 대해서 상담을 하면, 전문가가 하나의 종목이 아니라 위험은 있지만 엄청난 수익을 기대할 수 있는 종목과 예측 가능한 종목을 적당히 섞어서 투자하도록 조언해줍니다. 이런 조합을 '포트폴리오'라고 합니다. 이와 같은 방식으로 연구자도 자신의 프로젝트에 대해서 전략을 잘 짜야 합니다.

그런데 기초 연구는 지도가 없이 사막을 여행하는 것과 같기 때문에 연구 전략을 잘 세우고, 하루 종일 고민한다고 해도 아무런 성과가 없는 날이 이어지기도 합니다. 매일이 슬럼프입니다. 슬럼프가 계속되다가 어느 날 연구가 조금 진전되면 그날은 슬럼프에서 벗어납니다. 기초 연구를 하는 연구자는 그날을 위해서 연구를 계속 하는 것입니다. 기초 연구를 위해서는 이런 상황을 받아들여야 합니다. 긴 슬럼프 뒤에 혁신적인 발견을 해본 경험이 그다음 어려운 문제도 끈기 있게 도전할 수 있게 합니다.

대학원에서 가져야 하는 '문제를 찾는 힘' '문제를 푸는 힘' '끈기 있게 생각하는 힘'은 학교에서만 요구되는 것이 아닙니다. 나는 미국에서 캘리포니아 공과대학교의 이론 물리학 연구소 소장과 아스펜 물리학센터의 총재를 역임하고, 일본에서는 도쿄 대학교 카블리 수학물리연계 우주연구기구의 기구장을 역임하고 있습니다. 이곳에서 다양한 직원들과 일을 하면서 스스로 문제를 찾고 그것을 해결하는 주도권을 가진 사람이 중요한 역할을 한다는 사실을 확인했습니다. 또한 지도가 없는 곳에서 길을 만들어 아무도 몰랐던 것을 발견하고 인류의 지식을 널리 발전 시킨 경험은 그 자체로 귀중합니다.

그래서 유럽과 미국의 기업은 박사 학위를 취득한 사람에게 다양한 일자리를 제공합니다. 행정 기관에서도 박사 학위를 가진 사람이 적지 않습니다. 독일 내각에는 각료의 약 3분의 1이 박사 학위를 가지고 있습니다.(2021년 1월 현재) 이에 비해 일본은 박사 과정을 수료한 사람이 늘어났음에도 불구하고, 이런 사람을 활용하는 체제가 이루어져 있지 않습니다. 일본이 유럽과 미국을 추종하는 것을 끝내고 새로운 길을 열기 위해서는 기업이나 회사에서 박사를 잘 활용할 수 있는 방법을 찾을 필요가 있다고 생각합니다.

몇 번이고 다시 공부한 '장의 양자론'

앞에서 이야기했듯이 대학원에서 해야 하는 일은 기존의 학문을 공부하는 것이 아니라 새로운 지식을 창조하는 것입니다. 그럼에도 내가 소립자론 연구를 시작하기 앞서 공부가 부족한 것이 하나 있었는데 바로 '장의 양자론'입니다.

전기장이나 자기장, 중력장이라고 할 때의 '장'이라는 것에 양자역학의 원리를 적용시킨 것이 '장의 양자론'입니다. 파인만, 슈윙거, 도모나가의 양자 전자기학은 장의 양자론의 최초의 예였습니다. 그 후 장의 양자론은 물리학의 다양한 분야에 응용되었는데, 특히 소립자론에서는 기본적인 언어로서 필수 지식이 되었습니다.

장의 양자론은 수학적으로 엄밀한 공식이 완성되지 않아서 한 권의 책으로 공부를 끝낼 수 있는 것이 아닙니다. 그래서 나는 몇 번이고 공부를 다시 해야 했습니다.

처음 도전한 것은 대학교 2학년 때, 자주적 세미나에서 공부를 했을 때입니다. 어떤 책을 읽어야 할지, 이노우에 겐井上健 교수에게 상담했습니다. 이노우에 교수는 제2차 세계대전 중 소립자론으로 유명한 일을 한 분인데 교토 대학교에서 교양 학부의 교수직을 맡고 계시다가 그해가 퇴임하는 해였습니다.

제2차 세계대전 직전이었던 1937년 우주선 안에서 새롭게 소립자가 발견되었는데, 사람들은 이것이 유카와 히데키가 예언했던 중간자라고 여겼습니다. 이 때문에 유카와의 중간자론이 세상의 주목을 받게 됩니다. 도모나가가 독일 유학 중일 때의 일입니다. 도모나가의 〈독일에서의 일기〉에 "그들은 왕성하게 활동하고 있는데 나는 독일까지 와서 썩어가고 있다"라고 질투를 느낀 데에는 바로 이런 배경이 있었습니다. 그런데 새롭게 발견된 소립자의 성질이 유카와의 예측과 다르다는 것이 밝혀졌습니다. 이노우에 교수는 발견된 중간자가 다른 입자라고 주장했고 이 주장은 전쟁 후 세실 파월Cecil Powell의 실험으로 검증되었습니다.

추천을 받았던 장의 양자론 교과서는 1951년 출판된 것으로 이노우에 교수가 "내가 젊었을 때는 이 책 하나만 읽고도 논문을 쓸 수 있었다"라고 했습니다. 그런데 내가 학생일 때는 출판되고 30년이 지나 있었기 때문에 이미 낡은 책이었습니다. 그 대신 슈윙거식의 '대수학 스타일'의 장의 양자론을 제대로 공부했던 것을 다행이라고 생각합니다.

역학이나 전자기학처럼 확립된 분야와 달리 장의 양자론은 발전 과정에 있는 분야라서 교과서도 계속 바뀌었습니다. 3학년 때 학부에서 만난 선배가 다른 교과서를 추천해줬습니다. 출판되고 15년이 지난 책이라서 이노우에 교수에게 추천을 받은 책과 비교하면 최신 내용이라 감동을 받은 기억이 있습니다.

그 후에도 장의 양자론 교과서를 몇 권 더 읽었습니다. 특히 나의 연구에 영향을 준 책은 대학원 1학년 때 공부한 시드니 콜먼Sidney Coleman의 강의록입니다.

'늦었다'는 조바심

대학원에 막 입학했을 때, 간사이 지역에서 소립자론을 전공하는 대학원생들이 주말에 합숙하면서 공부하는 모임이 있었습니다. 거기에서 참고 문헌으로 배부된 것이 콜먼의 강의록이었습니다. 다카라즈카의 합숙소로 향하는 전차 안에서 이 책을 읽은 기억이 있습니다. 탐정 소설처럼 긴장감이 넘치는 문장이어서 푹 빠져서 읽었습니다.

하버드 대학교의 교수였던 콜먼은 시칠리아섬의 에리체라는 마을에서 열리는 소립자 물리학 여름학교에서 1966년부터 1979년까지 매년 장의 양자론의 최첨단에 대해 강의했습니다. 내가 다카라즈카 합숙소에서 읽은 것은 그중 하나였습니다. 이 강의는 나중에 《대칭의 양상Aspects of Symmetry》이라는 제목의 책으로 출간되었습니다. 콜먼은 서문에서 당시의 분위기를 다음과 같이 이야기하고 있습니다.

"장의 양자론이 역사적으로 승리한 시대이자 소립자론 연구자에게 최고의 시대였습니다. 영광으로 둘러싸인 장의 양자론의 개선 퍼레이드는 먼 나라에서 가지고 온 멋진 보물로 넘쳐났고 길거리의 관객들은 그 위대함에 숨을 멈추다가 기쁨의 환성을 질렀습니다."

나는 이런 영광의 시대가 끝난 다음에 대학원생이 되었기 때문에 장의 양자론에 대해서 '늦었다'는 조바심을 가지고 있었습니다. 그래서 더 많이 공부했습니다.

대학원생 교육으로는 봄, 여름, 겨울 방학 중에 열리는 '학교'가 중요한 역할을 했습니다. 대학원 수준의 교육을 하나의 대학 교수진으로 감당하는 것은 어려웠기 때문에 특정 분야의 대학원생들을 각국에서 모아 현직 연구자가 집중적으로 강의를 하는 것입니다. 몇 주 동안 합숙 생활을 하면서 대학원생이 강사나 다른 대학의 대학원생과 이야기를 나누고, 학자로서 네트워크를 구축할 수 있는 귀중한 기회이기도 했습니다.

소립자 분야에서는 이탈리아의 트리에스테에 있는 국제 이론 물리학센터에서의 봄학교, 프랑스 레 우슈에서의 여름학교, 미국 콜로라도 대학교 볼더 캠퍼스에서의 여름학교 등이 유명합니다. 나도 인도, 중국, 한국, 일본의 초끈이론 연구자들과 협력해서 아시아 지역의 겨울학교를 매년 한 번씩 개최하고 있습니다.

이 중에서도 콜먼이 장의 양자론을 강의한 에리체의 여름학교는 반세기 이상의 역사를 가진 유명한 학교입니다. 나도 이 학교의 강사로 에리체에 초대를 받은 적이 있습니다.

에리체 학교를 설립한 사람은 소립자 실험을 전문으로 하는 안토니노 치키치Antonino Zichichi 교장입니다. 치키치 교장은 이 지역에서 몇 세기나 이어온 명문 집안의 출신으로 강사와 학생을 크게 환영해주었습니다. 이 지역 레스토랑 중에는 치키치 교장의 학교에서 왔다고 말하면 무료로 음식과 와인을 먹을 수 있는 곳도 있었습니다.

지키치 교장에 관한 많은 일화가 있지만 그중에서도 도둑맞은 렌트카 이야기는 유명합니다. 미국에서 온 대학원생이 여름 학교를 마치고 시칠리아섬을 여행하기 위해 차를 렌트해서 숙소 앞에 세워두었습니다. 그런데 누군가 그 차를 가져간 것이었습니다. 그 일로 치키치 교장을 찾아갔는데 교장은 "도난당한 것이 아닐 것입니다"라고 말했다고 합니다. 그리고 다음 날 없더졌던 그 차가 숙소 앞에 떡하니 세워져 있었던 것입니다. 도난당한 줄 알았던 그 차는 깨끗하게 세차가 되어 있었을 뿐만 아니라 기름까지 가득 채워져 있었다는 일화입니다.

고슴도치와 여우에게 배우다

대학원 1학년 때, 장의 양자론에 대해서 두 분의 교수에게 전혀 다른 스타일의 강의를 들을 수 있는 고마운 기회가 있었습니다.

한 사람은 교토 출신의 구고 다이치로九後汰一郎라는 교토 대학교 이학부의 조교수입니다. 그는 장의 양자론의 기초에 대한 중요한 발견을 하고, 1940년 31살의 나이에 니시나 기념상을 수상해서 화제가 되었습니다. 내가 대학원에 입학한 것은 1984년이었는데 그는 당시 소립자론을 공부하고자 하는 학생들에게 동경의 대상이었습니다.

또 한 사람은 도쿄 대학교 출신인 후쿠기타 마사타카福来正孝로 기초물리학 연구소의 조교수입니다. 그는 슈퍼컴퓨터를 이용한 장의 양자론의 대규모 수치 시뮬레이션에 대한 업적으로 훗날 니시나 기념상을 수상했습니다.

장의 양자론이라는 같은 주제지만 두 사람의 강의는 전혀 달랐습니다. 구고 교수는 하나의 이론을 갈고닦는 스타일인데 반해 후쿠기타 교수는 체력으로 승부하는 것처럼 기존의 이론을 이용해서 가능한 많은 물리 현상을 설명하려고 했습니다.

"여우는 많은 것을 알고 있지만, 고슴도치는 중요한 하나를 알고 있다."

위의 말은 그리스의 시인 아르킬로코스Archilochos의 말인데, 영국의 철학자 이사야 벌린Isaiah Berlin이 소개해서 널리 알려졌습니다. 벌린은 아리스토텔레스, 셰익스피어, 괴테를 여우형이라고 하고 플라톤, 단테, 헤겔을 고슴도치형이라고 분류했는데 톨스토이는 '고슴도치가 되고 싶었던 여우'라고 했습니다. 생김새를 보면 알 수 있듯이 어느 쪽이 더 훌륭하다고 할 수 있는 것은 아닙니다.

물리학 연구에서도 여우와 고슴도치 모두 중요합니다. 나는 고슴도치형인 구고 교수와 여우형인 후쿠기타 교수 두 사람에게 장의 양자론을 배울 수 있어서 소립자 물리학이라는 학문의 깊이와 넓은 폭을 실감했습니다. 파인만이 실천한 것과 같이 자연 현상을 이해하는 방법은 하나가 아니기 때문입니다.

"오구리는 비뚤어진 것을 너무 좋아해"

기초물리학 연구소의 이나미 다케오稲見武夫 조교수에게도 도움을 받았습니다. 당시 기초물리학 연구소에서 특히 소립자론을 전공한 교수진 중에는 도쿄 대학교 출신들이 많았습니다. 후쿠기타 교수와 마찬가지로 이나미 교수도 도쿄 대학교 출신이었습니다.

이나미 교수는 성실한 사람으로 학생 지도도 열심히 했습니다. 내가 제일 처음 쓴 세 개의 논문은 이나미 교수와 함께 연구한 것인데 이때 이나미 교수에게 논문 쓰는 법을 잘 배웠습니다. 지금도 '그때 이나미 교수가 이렇게 말했었지'라고 기억하면서 학생들의 논문을 지도합니다.

이나미 교수는 사교적이어서 국제적인 자리에서 연구자가 취해야 할 태도에 대해서도 모범을 보여주었습니다. 국제 회의의 목적은 강연을 하거나 듣는 것만이 아닙니다. 티타임, 회식,

현지에서의 관광 등 학술장 이외에서의 교류도 중요합니다. 이런 자리에서 각자 진행하고 있는 연구의 힌트를 얻기도 하고, 새로운 연구의 방향을 모색하기도 합니다. 이나미 교수에게 실천적으로 배운 것들이 이후 연구자의 네트워크를 만들어나가는 데 큰 도움이 되었습니다.

이나미 교수는 대학원에 갓 입학한 우리들을 연구의 최첨단으로 이끌어주었습니다. 함께 읽은 비렐Birrell과 폴 데이비스Paul Davies의 《휘어진 공간에서의 양자장Quantum fields in curved space》은 우리가 대학원에 입학하기 두 달 전에 출판된 따끈따끈한 책이었습니다. 아인슈타인의 일반상대성이론에서 중력은 휘어진 공간과 시간으로 표현됩니다. 이런 '휘어진 시공간'에서의 장의 양자론 현상을 이해하려고 하는 것이 이 책의 주제였습니다.

당시에는 소립자론 연구자 중에 중력에 대해 생각하는 사람이 거의 없었습니다. 소립자 실험에서 중력의 영향은 무시할 수 있을 정도로 작았기 때문입니다. 그런데 나는 이나미 교수의 지도하에 '휘어진 공간에서의 양자장'을 공부하면서 차츰 중력에 대해 흥미를 가지기 시작했습니다.

소립자론의 궁극의 목적은 자연계의 모든 소립자와 그 사이에서 작용하는 힘을 하나의 원리로 설명할 수 있는 '통일 이론'의 완성입니다. 이런 이론에는 당연히 중력도 포함되어야 합니다. 비렐과 폴 데이비스의 교과서에는 중력 이론과 장의 양자론을 조합해 통일 이론을 만들기 위해서 생각해야 하는 여러 문제를 논의하고 있었는데 거기에는 내가 아직 모르는 것이 많이 있었습니다. 초등학생일 때 블루백스의 《과연 공간은 휘어져 있는가》를 읽었을 때의 흥분을 기억했습니다. 내가 소립자론 연구실에서 중력 이야기만 하고 있으니 "오구리는 비뚤어진 (휘어진) 것을 너무 좋아해"라는 말을 듣기도 했습니다.

비렐과 폴 데이비스의 교과서에서는 중력이 불완전했습니다. 중력의 영향으로 휘어진 시공간 속에서 소립자나 전자장의 양자역학을 어떻게 생각해야 하는지에 대해서는 자세히 논의되고 있습니다. 그런데 이 책에서는 중력 자체에 양자역학의 원리를 적용하지 않았습니다. 이와 같이 철저하지 않은 접근에서 결국 모순이 발생합니다.

모순을 해결하기 위해서는 중력과 양자역학을 통합할 이론이 필요합니다. 내가 대학원에 입학했을 당시에는 이미 '초끈이론'이 통일 이론의 후보로 알려져 있었습니다. 그러나 다음의 이유로 그다지 주목을 받지 못하고 있었습니다.

소립자론에서는 물질의 기본 단위인 전자와 쿼크 등의 소립자를 길이와 면적을 가지지 않는 수학적 '점'으로 보고 있었습니다. 이에 비해 초끈이론에서는 기본 단위가 '끈'처럼 1차원 방향으로 늘어져 있다고 생각합니다. 초끈이론의 초기 버전은 1960년대 난부 요이치로 등이 생각해낸 것입니다. 그리고 1974년 이 이론에 중력이 포함되어 있다는 것을 발견했습니다. 초끈이론은 양자역학의 원리를 따르는 이론이기 때문에 중력과 양자역학을 통일한 셈입니다.

초끈이론이 주목을 받고 많은 연구자들이 관심을 보일 것으로 예상했지만 과학의 역사는 예상한 대로 흘러가지 않았습니다.

콜먼이 에리체의 강의록에서 서술한 바와 같이 1970년대는 장의 양자론의 '역사적 승리의 시대'였습니다. 소립자 실험에서 발견된 현상이 장의 양자론으로 차례차례 설명되면서 '영광으로 둘러싸인 장의 양자론의 승리 축제'가 펼쳐지고 있었습니다. 한편 초끈이론은 중력의 개념을 잘 가져왔지만 소립자 이론으로는 불완전했습니다. 예를 들면 전자의 기본적 성질조차 설명하지 못했습니다.

그래서 1974년의 발견부터 10년간은 장의 양자론이 소립자론의 주류였고, 초끈이론은 '겨울의 시대'였습니다. 이것이 내가 대학원에 입학한 1984년의 상황입니다.

행운의 여신의 앞머리를 잡다

그해 여름 나는 혁명의 소식을 들었습니다. 미국 콜로라도주의 산속 연구소에서 엄청난 발견으로 10년간 해결이 되지 않았던 전자의 기본적 성질조차 설명하지 못했던 초끈이론의 문제가 해결된 것입니다.

이것을 발견한 사람은 캘리포니아 공과대학교의 존 슈워츠John Schwarz와 당시 런던 대학교에 있었던 마이클 그린Michael Green이었습니다. 초끈이론의 연구자가 5명도 안 되었던 10년 동안 두 사람은 꾸준히 연구를 진행해왔습니다. 그리고 그들이 연구 결과에 꽃을 피운 것은 1984년이었습니다.

10년 동안 아무도 관심을 보이지 않았던 이론이었기 때문에 내 주변에서도 자세히 아는 사람이 없었습니다. 또한 최신 논문을 손에 넣는 데에도 시간이 걸렸습니다. 지금은 전자 논문 아카이브가 있어서 새로운 논문을 전 세계에서 동시에 읽을 수 있습니다. 그러나 당시는 학술지에 게재되기 전의 견본 인쇄물을 우편으로 받아볼 수밖에 없었습니다. 유럽과 미국의 연구기관에서 견본 인쇄물을 선박으로 보내주었기 때문에 일본에서 받아보는 데에는 3개월 이상 걸렸습니다. 일본의 대학원생이 획기적인 발견을 쫓아가기에는 불리한 상황이었습니다.

"행운의 여신에게는 앞머리밖에 없다"라는 말이 있습니다. 행운의 여신이 다가오면 앞머리를 잡아야 합니다. 망설이고 있는 사이에 여신이 지나가버리면 뒤에서는 잡을 수가 없다는 의미입니다.

'대학원에서 길러야 할 세 가지 힘'에서 "때로는 과감하게 문제에 도전할 용기도 필요합니다"라고 서술했습니다. 1984년 여름이 바로 그런 때였습니다. 초끈이론을 연구할 준비가 되어 있지 않았습니다. 그뿐만 아니라 어디서부터 공부를 해야 할지 몰랐습니다. 게다가 일본에는 정보가 잘 전해지지도 않았습니다. 그렇지만 여기서 뛰어들지 않으면 행운의 여신의 앞머리를 잡을 수 없다고 생각했습니다.

슈워츠와 그린의 논문에 이어서 그해 가을에는 에드워드 위튼Edward Witten의 논문이 도착했습니다.

우리가 살고 있는 공간은 3차원입니다. 3차원이란 가로, 세로, 높이 세 방향으로 나아갈 수 있다는 의미입니다. 그런데 초끈이론에서는 공간이 9차원이라고 예측합니다. 이것은 우리의 공간이 3차원이라는 경험과 다릅니다. 그렇지만 나머지 6개의 방향으로 나아가는 것을 제한할 수 있다면 문제가 없습니다. 위튼은 '칼라비 야우Calabi-Yau 공간'이라는 수학 개념을 이용하면 9차원의 초끈이론으로 우리들의 3차원 공간을 설명할 수 있다고 시사했습니다. 그것만이 아닙니다. 초끈이론에서 소립자 이론이 어떻게 도출되는지에 대해서도 갈피를 잡았습니다.

1970년대에는 전자와 쿼크의 세계를 잘 알게 되었습니다. 이를테면 훗날 노벨 물리학상 수상의 대상이 되는 '고바야시-마스카와 이론'에서 쿼크가 6종류 이상 있다고 예측했습니다. 내가 대학원생이 되었을 때 그중 5개는 발견되었습니다. 위튼은 초끈이론이 옳다면 쿼크의 종류가 몇 개인지는 칼라비 야우 공간의 기하학적 성격으로 결정된다는 것을 확실히 했습니다.

나는 이 논문에 매료되었습니다. 초등학교 때 주니치 빌딩의 전망대 레스토랑에서 삼각형의 성질을 이용해 지구의 크기를 잰 후, 기하학의 힘으로 자연을 이해하는 것에 큰 흥미를 느끼고 있었습니다. 시공간의 휘어짐으로 중력을 설명하는 일반상대성이론에 매료된 것도 이 때문입니다. 소립자의 성질마저 칼라비 야우 공간의 기하학으로 정해져 있다고 본다면 이해되지 않을 수 없습니다.

당시 나는 장의 양자론도 공부하고 있는 중이었기 때문에 소립자 이론에 대해서 모르는 것이 너무 많았습니다. 게다가 칼라비 야우 공간이라는 수학의 최신 이슈도 등장했기 때문에 논문을 읽으면서 필요한 분야는 그 자리에서 즉시 공부할 수밖에 없었습니다. 마치 잠시라도 멈추면 넘어지는 자전거를 타고 있는 것처럼 공부했습니다. 그렇게 매일 열심히 공부했더니 좋은 기회가 생겼습니다. 기초물리학 연구소에서 매년 겨울에 개최하는 소립자 연구회에서 내가 공부하고 있는 것을 발표해보지 않겠느냐는 제안을 한 것입니다.

발표 시간으로 30분 받았는데 할 말이 너무 많아서 2시간이 지나도 끝나지 않았고, 급기야 경비원이 회의실의 난방을 꺼버렸습니다. 다행히 연구소 소장의 배려로 난방이 있는 소장실로 옮겨서 20명 정도가 심야까지 논의를 이어나갔습니다.

10년간 무시된 분야였기 때문에 교과서도 없었고 공부는 녹록치 않았습니다. 그렇지만 5명 이내 소수의 사람이 연구하고 있는 분야였기 때문에 대학원에 갓 입학한 연구자도 할 수 있는 일이 많이 있었습니다.

먼저 구고 교수의 지도로 초끈이론에 장의 양자론 형식을 적용하는 연구를 했습니다. 구고 교수는 이론의 형식을 갈고닦아서 명확한 형태로 만드는 것에 능숙했기 때문에 좋은 연구가 되었다고 생각합니다. 논문의 열쇠가 되는 아이디어를 얻었을 때는 집으로 돌아가는 길에 하늘을 바라보면서 이 답을 알고 있는 사람이 세상에 나 하나밖에 없다는 사실에 감동한 적도 있었습니다. 스탠퍼드 대학교와 캘리포니아 공과대학교 그룹의 최신 연구와도 경합할 수 있는 성과를 얻으면서 세계 최첨단을 따라잡았다는 보람을 느낄 수 있었습니다.

미국 유학 vs 도쿄 대학교 조수

보통 2년의 석사 과정을 마치면 그대로 그 학교의 대학원 박사 과정으로 진학합니다. 그런데 나는 교토 대학교 대학원에서 2년을 보낸 후 도쿄 대학교의 소립자론 연구실의 조수助手로 취직했습니다. 교토 대학교에서 도쿄 대학교로 옮긴 이유는 두 곳의 연구 스타일이 달랐기 때문입니다.

당시 도쿄 대학교의 연구자들은 일본을 대표하는 대학교 출신이라는 것에 자부심이 있었습니다. 이 때문에 세계에서 최첨단으로 진행되고 있는 연구를 두루 살피면서 일본의 엘리트로서 '유럽과 미국을 쫓아서 추월하자'라는 메이지 유신 이래의 스타일을 계승하고 있었습니다.

한편 교토 대학교 연구자들은 유카와 히데키와 도모나가 신이치로를 탄생시킨 성공의 경험이 있었습니다. 유카와 개인의 연구 스타일의 영향도 있었고, 자신들은 세상 어디에도 없는 창의적인 연구를 한다는 자부심이 있었습니다. 해외 연구에 대한 관심은 도쿄 대학교 교수들에게 맡겨두면 된다고 생각했던 것입니다.

교토 대학교와 도쿄 대학교 중 한쪽이 더 좋다고 말하는 것은 아닙니다. 도쿄 대학교의 스타일로는 유행하는 연구를 뒤에서 쫓아갈 뿐 따라잡지 못할 우려가 있습니다. 교토 대학교 스타일은 유카와나 도모나가처럼 천재가 아니라면 자기만족에 빠져 갈라파고스 신드롬이 될 수도 있습니다.

대학원에서 양쪽 스타일을 접할 수 있었던 것은 행운이었습니다. 구고 교수를 리더로 하는 이학부의 소립자론 연구실은 당연히 교토 대학교 스타일이었습니다. 기초물리학 연구소에는 도쿄 대학교 출신의 이와미稻見 교수와 후쿠기타 교수가 있었습니다. 고슴도치형인 구고 교수는 '중요한 하나를 알고 있었고' 여우형의 후쿠기타 교수는 '많은 것을 알고 있었다'고 서술한 바 있습니다. 이것은 각각 당시의 교토 대학교와 도쿄 대학교의 연구 스타일이기도 했습니다.

대학원 2학년 가을, 도쿄 대학교의 에구치 도오루江口徹 조교수가 교토 대학교에서 몇 주 동안 머물렀습니다. 시카고 대학교의 조교수였던 에구치 교수는 수년 전에 귀국을 했고, 도쿄 대학교의 대학원생이었던 가와이 히카루川合光와 함께 발표한 연구로 니시나 기념상을 수상했습니다. 교토 대학교에는 구고 교수, 도쿄 대학교에는 에구치 교수라는 30대의 젊은 리더가 있었습니다.

나는 에구치 교수의 현대 수학을 응용한 강력한 이론 방법에 감명을 받았습니다. 이나미 교수를 통해서 소개를 받아 에구치 교수에게 나의 연구 성과에 대해서 이야기를 할 기회를 얻었습니다. 정말 감사한 일이었습니다.

당시 혁명적 발견으로 여겨졌던 초끈이론은 경쟁이 치열했습니다. 세계는 일취월장의 연구를 진행하고 있어서 한눈을 팔다가는 뒤처지게 됩니다. 이에 나는 해외 연구를 쫓아가지 않아도 된다는 교토 대학교의 스타일에 의문을 가졌습니다.

이나미 교수에게 이와 관련하여 의논을 했더니 미국 대학원으로 가보라는 조언을 들었습니다. 그래서 하버드와 프린스턴 대학원의 선생들에게 연락을 했더니 모두 이 의견에 긍정적이었습니다. 그런데 고민이 생겼습니다. 당시 교토 대학교 대학원에서 논문을 쓰고 있는 중이었는데 미국으로 가면 1학년부터 다시 시작해야 했기 때문입니다.

결국 미국행을 결정하기는 했지만 그 후 또 다른 일이 생겼습니다. 도쿄 대학교의 니시지마 가즈히코西島和彦 교수의 강좌 조수가 퇴직을 해서 생긴 자리로 오지 않겠냐는 제안을 받은 것입니다. 에구치 교수가 니시지마 교수에게 "교토 대학교에 오구리라는 재미있는 녀석이 있으니 채용해 봐"라고 추천을 했다고 합니다. 물론 감사한 일이었습니다.

도쿄에 가기 전 도쿄 대학교의 한 선생에게 "박사 학위는 논문만 쓰면 도쿄 대학교에서도 받을 수 있지만 석사 학위는 재학하고 있지 않으면 받을 수 없는 것이니 교토에서 꼭 학위를 받고 와야 한다"라는 말을 들었습니다. 아무래도 내가 교토 대학교의 교수와 갈등이 있어서 교토에 더 이상 있을 수 없게 되었다고 생각한 모양이었습니다. 미국 유학을 계획한 것은 이런 이유 때문이 아니라 순수하게 연구에 대한 흥미로 연구 환경을 바꾸고 싶었을 뿐인데 오해를 받은 것 같아 이 기회에 그 오해를 풀어야겠다고 생각했습니다.

미국 유학을 갈 것인가, 도쿄 대학교 조수가 될 것인가 고민에 고민을 거듭 한 끝에 나는 미국 유학을 포기하고 도쿄 대학교에 가기로 결정했습니다. 인생은 한 번뿐이므로 이것이 옳은 선택이었는지 아닌지는 알 수 없습니다. 일찍 해외로 나가면, 그것은 그것대로 좋은 일일 것입니다. 그런데 초끈이론이 급속하게 발전하고 있는 시기라는 것을 생각하면 대학원을 1학년부터 다시 시작하는 것보다 조수로 취직을 해서 전문 연구자로서의 의식을 가지는 것이 더 좋겠다고 생각했습니다. 당시 국립대학교의 조수는 국가 공무원이었기 때문에 정년까지 보장이 되어서 안정적으로 오랫동안 연구를 할 수 있었습니다.

이메일이 도입되기 직전의 텔렉스

내가 도쿄 대학교 조수가 되었을 때 박사 학위가 없었습니다. 나보다 나이가 많은 학생도 있어서 조수 생활이 힘들 수도 있겠다며 걱정하는 사람도 있었습니다. 그러나 눈치가 없어서 주변 분위기를 잘 파악하지 못하는 성격이라 그다지 걱정되지 않았습니다.

도쿄 대학교에 초빙해준 에구치 교수와는 좋은 연구를 많이

했습니다. 내가 부임한 해 가을 에구치 교수가 파리의 에콜 노르말 쉬페리외르École Normale Supérieure(국립 교원양성기관인 고등사범학교)에 객원 교수로 장기 출장을 떠나 연락이 잘 되지 않았습니다. 이메일이 없을 때라 팩스나 텔렉스 등을 이용해서 연락을 취했습니다. 1986년 10월 15일 내가 파리에 있는 에구치 교수에게 텔렉스를 보냈습니다.

페르미온 진폭 등에 관한 내용이었는데 여기에 역사적으로 재미난 사실이 있습니다. 텔렉스를 보내면 마지막 부분에 "비트넷은 일주일 후에 사용할 수 있다"라고 쓰여진 부분이 있습니다. 여기서 '비트넷BITNET'이란 이메일을 보내는 컴퓨터 네트워크로 1980년대 미국을 중심으로 대학 사이에서도 사용했습니다. 일주일 후에 사용할 수 있다는 것으로 도쿄 대학교가 이메일을 도입한 주를 특정할 수 있습니다.

단 당시의 비트넷은 현재의 이메일처럼 쉽게 사용할 수 있는 것이 아니었습니다. 보낸 메일은 인터넷의 기원이 된 미 국방성의 아파넷ARPAnet이 전달해줍니다. 여기저기 노드(통신망의 분기점)를 경유하기 때문에 광속으로 순식간에 도착하는 것은 아닙니다.

"지금은 이 지점의 이 노드까지 도착했구나"라고 확인할 수 있는 것이 마치 아마존의 택배를 연상하게 합니다. 개인 컴퓨터로는 보낼 수도 없었고, 도쿄 대학교의 대형 계산기 센터에서만 송수신할 수 있었습니다. 택배는 집과 집 사이를 다니며 배달하는 것이니 어떤 의미에서 그것보다 불편한 것이었습니다.

대한민국으로 첫 해외 출장을 가다

에구치 교수가 파리로 출장을 떠난 사이, 대학원생인 이시바시 노부유키石橋延幸(현재 쓰쿠바 대학교 교수), 마쓰오 유타카松尾泰(현재 도쿄 대학교 교수)와 함께 논문을 작성했습니다. 에구치 교수와의 공동 연구와 더불어 이 논문도 높은 평가를 받았습니다.

이런 성과 덕에 1987년 봄, 처음으로 해외 출장을 나갈 기회가 생겼습니다. KAIST의 객원 교수로 초빙되어 나의 연구 성과를 강의하게 된 것입니다.

KAIST는 박정희 대통령 시대에 고도의 과학 기술 인재를 육성하는 것뿐만 아니라 우수한 두뇌를 가진 인재가 해외로 이탈하는 것을 방지하기 위해서 설립되었습니다. 그래서 학생들은 엘리트였고 월급이 지급되었으며 병역면제의 특권도 주어졌습니다.

KAIST의 캠퍼스 옆에는 군 시설이 있었고 그 부지 안에 숲이 있었는데 그 가운데에 대통령 별장이 있었습니다. 나는 그곳의 객실에서 한 달간 머물렀습니다. 매일 군 시설을 지나 KAIST로 출근했습니다.

그곳에 숙박하는 사람은 나뿐만이 아니었습니다. 런던 대학교의 저명한 결정학자 앨런 매카이Alan Mackay 교수가 머물고 있었습니다. 당시 보통의 결정과는 다른 새로운 고체 상태인 '준결정'이 발견되어 큰 화제가 되고 있었습니다. 훗날 이 발견은 노벨 화학상을 받게 됩니다. 매카이 교수는 수년 전에 준결정의 존재를 이론적으로 예측한 사람입니다.

숙소에서는 매일 아침, 한국군 병사로 보이는 흰 제복의 남자가 매카이 교수와 나를 위해서 조식을 마련해주었고 모자를 쓰고 넥타이를 한 운전수가 반짝반짝 빛나는 공용차로 KAIST까지 태워주었습니다. 주말에는 건물 뒷마당에 파라솔을 펴고 테이블과 의자를 마련해서 함께 차를 즐기기도 했습니다. 참으로 분에 넘치는 경험이었습니다.

매카이 교수와는 서로의 전문 분야인 소립자론과 결정학을 비롯해서 다양한 분야의 이야기를 나누었습니다. 매카이 교수는 중국사에도 조예가 깊었습니다. 그 덕분에 조지프 니덤 Joseph Needham에 관심을 가지게 되었고 귀국해서 니덤의 《중국의 과학과 문명》이라는 책을 구해서 읽었습니다. 이때 영국인의 '아마추어리즘'이라는 것을 처음 알게 되었습니다.

매카이 교수와 이야기를 나누면서 메카이 교수가 연구를 취미로 하다가 연구자가 되었다는 느낌을 받았습니다. 영국의 과학에서 볼 수 있는 아마추어리즘은 과학이 귀족의 취미로부터 발전한 면이 있기 때문인지 모르겠습니다. 이를테면 수소 발견으로 유명한 헨리 캐번디시Henry Cavendish는 거액의 유산을 가지고 자택을 실험실로 만들어서 연구했다고 합니다.

일본인에게는 하나의 분야를 파고드는 것을 존중하는 '장인정신' 같은 것이 있습니다. 하지만 매카이 교수처럼 어깨에 힘을 빼고 연구를 하는 것도 좋은 것 같습니다. 아마추어의 취미라면 자신의 분야만 고집할 필요가 없습니다. 전문가가 아니기 때문에 모르는 분야에서 실패를 해도 문제가 되지 않습니다. 그래서 쉽게 각 분야의 울타리를 넘나들며 연구를 할 수 있을 뿐만 아니라 독창성이 뛰어난 연구를 할 수 있다고 생각합니다.

인도에서 실종되다

봄에는 한국을 방문하고 그해 12월에는 인도를 방문할 기회가 있었습니다. 인도 공과대학교 칸푸르 캠퍼스에서 열리는 겨울학교에 대학원생을 위한 강사로 초대되었기 때문입니다. 인도 공과대학기구의 23개 캠퍼스 중 칸푸르 캠퍼스는 최고 수준입니다. 나도 이 캠퍼스에서 배출된 물리학자를 많이 알고 있습니다.

칸푸르에 가기 전 봄베이(현재의 뭄바이)에 있는 타타 기초연구소를 방문했습니다. 여기서 이론 물리학 부문의 장을 맡고 있는 스펜타 와디아Spenta R. Wadia가 나를 초대했기 때문입니다. 와디아는 나를 보자마자 "밥 먹으러 갑시다"라고 하면서 스쿠터 뒷자리에 나를 앉혔습니다. 리크셔라는 삼륜 택시, 자동차, 자전거, 사람, 소 등이 마구 뒤섞인 봄베이의 길을 달리는 사이 나는 너무 무서워서 살아 있는 것 같지 않았습니다. 와디아에게는 많은 신세를 졌습니다.

칸푸르에서의 일을 마친 나는 바로 일본으로 돌아와 연말연

시를 고향의 집에서 보낼 예정이었습니다. 그런데 세샤드리C.S. Seshadri라는 유명한 수학자를 만날 기회가 있어서 일정을 변경해 귀국을 연기하고 마드라스(현재의 첸나이)로 향했습니다. 마침 내가 흥미를 가지고 있는 초끈이론 문제에 세샤드리의 수학을 이용할 수 있을 것 같아 논문에서 이해가 되지 않은 부분을 질문하고 싶었습니다.

이뿐만 아니라 인도에 가기 전 고대 인도의 신화적 서사시 《마하바라타Mahabharata》를 읽고 마드라스 부근의 마하발리푸람에 그 서사시와 관련이 있는 유적이 있다고 해서 그것을 보고 싶었습니다.

부모님께는 마드라스에 가야 해서 귀국이 늦춰졌다는 소식을 전하기 위해 그림 엽서를 보냈습니다.

그런데 인도에서 보낸 그림 엽서가 일본에 제대로 전달될 리없었습니다. 정월을 앞두고 아무런 연락이 없으니 일본에서는 인도에서 실종된 것 같다며 난리가 났던 모양이었습니다. 걱정이 됐던 부모님은 도쿄 대학교의 에구치 교수에게 연락을 했고, 전보를 보내보라는 말과 함께 와디아의 연락처를 받았다고 합니다. 그 전보를 받은 와디아가 잘 지내고 있으니 안심하라는 답신을 해서 부모님이 겨우 안심했다고 합니다. 이런 사실도 모르고 어슬렁어슬렁 귀국을 했더니 에구치 교수가 부모님께 그렇게 걱정을 끼치면 어떡하냐며 야단을 쳤습니다. 어머니는 그때 와디아로부터 받은 전보를 지금도 소중히 간직하고 있습니다.

이런 일을 계기로 와디아와 많이 친해졌습니다. 그와 함께 아시아 지역의 청년 육성을 위해 함께 일하고 있습니다. 2006년부터는 일본, 인도, 중국, 한국을 돌면서 매년 겨울 초끈 이론에 관한 '아시아 겨울학교'를 개최하고 있습니다. 겨울학 교에는 100명 정도의 대학원생과 젊은 연구자가 참가하는데 초끈이론의 최첨단에 대해서 강의하고 네트워크의 기회를 마련합니다. 이 학교가 시작되었을 무렵, 학생으로 참가했던 사람이 연구자로 성공하여 강사로 참가하는 모습을 보는 것도 큰 기쁨 중 하나입니다.

행운은 준비된 사람에게 주어진다

1987년은 여러 의미 있는 해였습니다. 그해 2월에는 도쿄 대학교를 정년 퇴임하는 고시바 마사토시 교수의 마지막 강연이 예정되어 있었습니다. 바로 그 4일 전에 대마젤란운에서 초신성 폭발이 일어나 거기에서 방출된 중성미자neutrino가 고시바가 심혈을 기울인 가미오칸데ヵミオヵンデ(천문학 관측 장치)에서 검출됐습니다. 대마젤란성운은 지구에서 17만 광년 떨어져 있으니 정확하게 말해서 17만 년 전에 일어난 초신성 폭발로 뉴트리노가 광속으로 날아와 고시바 교수의 마지막 강연 4일 전에 지구에 도달한 것입니다. 미국의 연구자가 고시바 교수 팀에게 연락을 해서 초신성 폭발로 빛이 관측되었다는 것은 알고 있었습니다. 가미오칸데에서 뉴트리노가 검출될 수 있을

지를 확인하기 위해 후쿠오카 광산의 가미오칸데의 데이터가 기록된 자기 테이프를 기다리고 있었습니다. 이 자기 테이프가 도쿄 대학교 캠퍼스에 도착한 것은 고시바 교수의 마지막 강의가 있는 날이었습니다.

가미오칸데는 원래 뉴트리노 검출을 위한 시설이 아니라 양성자 붕괴라는 현상을 관측하기 위한 것이었습니다. 소립자 사이에서 작용하는 전자기력, 강력, 약력이라는 세 개의 힘을 통일하는 이론이 있는데 이 예측이 옳다면 가미오칸데의 커다란 물탱크 안에서 양성자의 붕괴가 관찰되어야 했습니다. 양성자 붕괴는 아주 가끔 일어나는 현상이라서 커다란 탱크가 필요했습니다.

그런데 1984년까지 양성자 붕괴는 관측되지 않아서 이 이론은 버려졌습니다. 하지만 양성자 붕괴의 실험을 하지 않는다고 해서 어렵게 건설한 가미오칸데를 그냥 버려둘 수는 없었습니다. 그래서 고시바 교수는 대담하게 계획을 바꾸었습니다. 양성자 붕괴를 관측하기 위한 장치를 우주에서 날아오는 뉴트리노 검출을 위해서 사용하기로 한 것입니다.

장비를 개조한 뒤 목표 대상은 태양에서 날아오는 뉴트리노였습니다. 태양은 내부에서 일어나는 핵융합 반응으로 뉴트리노를 방출합니다. 그런데 지구에 도달하는 뉴트리노의 양이 이론값과 달라 고시바 교수가 그 수수께끼를 해명하기 위해서 가미오칸데 개조에 착수한 것입니다. 그때는 초신성 폭발로 뉴트리노를 검출할 수 있다고 기대하지 않았습니다. 단 실험 신청서에 '초신성이 폭발했을 때 뉴트리노를 검출할 가능성이 있음'이라고 한 줄의 글이 더해져 있었다고 합니다.

가미오칸데 개조 공사는 2년 이상 걸렸습니다. 후쿠오카 광산 속은 방사성 물질인 라돈의 농도가 높아서 거대 탱크 안의 물과 그 주변의 공기에서 라돈을 제거하지 않으면 관측에 방해가 되는 노이즈가 발생합니다. 이 작업이 끝나고 뉴트리노 검출 준비가 끝나자 고시바 교수의 은퇴가 가까워졌습니다. 마지막 강연을 앞둔 며칠 전에 초신성 뉴트리노가 날아온 것입니다.

그는 마지막 강연에서 초신성 뉴트리노에 대해 이야기하지는 않았습니다. 하지만 가미오칸데의 실험 계획을 세웠을 때의 이야기를 하면서 감동의 눈물을 흘렸던 것을 기억합니다. 고시바 교수는 일주일 후 논문을 투고하고 그다음 월요일 도쿄 대학교에서 기자 회견을 가졌습니다. 이 발견으로 뉴트리노 천문학이라는 새로운 학문 분야를 개척했습니다. 고시바 교수는 2002년에 노벨 물리학상을 수상했습니다.

'행운의 여신의 앞머리를 잡다'에서 행운은 망설임 없이 잡아야 한다고 했습니다. 고시바 교수의 에피소드는 가만히 기다린다고 해서 이런 행운이 저절로 오는 것이 아니라는 것을 말해줍니다. 초신성 폭발이 그와 같은 타이밍에 일어난 일은 분명 행운이었습니다. 하지만 그 기회를 잡을 수 있었던 건 양성자 붕괴 실험을 하지 않기로 결정한 다음 바로 가미오칸데를 뉴트리노 검출을 위한 장치로 개조하는 노력을 기울였기 때문입니다.

기회가 생기면 열심히 하겠다는 자세로는 실제로 기회가 왔을 때 그 기회를 붙잡을 수 없습니다. 인생에는 누구에게나 기회가 오지만 준비가 되어 있지 않으면 그 앞머리를 잡을 수가 없습니다. 루이 파스퇴르Louis Pasteur가 "행운은 준비된 사람에게 주어진다"라고 말한 것도 이와 같은 뜻이라고 생각합니다.

고시바 교수의 초신성 뉴트리노 검출의 성공을 목격하고 연구자에게는 운도 실력의 하나라고 생각했습니다.

내가 학생일 때 과학 분야의 노벨 수상자라고 하면 종이와 연필만으로 연구하는 이론 물리학자인 유카와와 도모나가 외에 에사키 레오나江崎玲於奈 정도였습니다. 에사키는 실험 물리학자였는데 도쿄통신공업(현재의 소니) 연구실에서의 소규모 실험의 성과로 노벨상 수상 대상이었습니다. 고시바 교수는 거액의 국비로 건설된 거대 실험 시설인 가미오칸데의 성과로 노벨상을 수상했습니다. 이 소식을 들었을 때 '나라가 부유해진다는 것이 바로 이런 것이구나' 하고 감동했습니다.

내가 1980년대 후반에 미국을 갔을 때 일본은 유럽과 미국이 쌓아올린 과학 기술에 무임승차를 하고 있다는 비판이 있었습니다. 이제 이런 말을 듣지 않게 된 것은 일본이 기초과학의 진보에 크게 공헌하고 있다는 것이 세계적으로 널리 인정되었기 때문이라고 생각합니다. 또한 일본인의 이과계 노벨상이라고 하면 물리학 분야밖에 없었는데 지금은 화학, 의학·생리학 등 폭넓은 분야에서도 수상하고 있습니다. 내가 초등학생일 때는 유카와와 도모나가가 영웅이었지만 지금은 다양한 분야에

롤모델이 있습니다. 과학 분야에 목표를 가진 젊은 세대에게는 멋진 일이라고 생각합니다.

과학은 수천 년의 역사 속에서 인류가 쌓아올린 공유 재산입니다. 21세기 일본은 노벨상을 많이 수상했습니다. 이는 일본이 과학의 폭넓은 분야에서 크게 공헌하고 있다는 것을 시사합니다. 전후 일본 사회는 과학 육성에 대해서 바르게 선택해왔다고 생각하지만 최근 일본의 과학에 대해서 위기감을 느끼고 있습니다. 과학에서 일본의 위상을 유지하고 더 강화해나가기 위해서는 어떻게 해야 할 것인지 이 책의 제4부에서 생각해보겠습니다.

이 원고를 준비하고 있을 때 고시바 교수의 타계 소식을 들었습니다. 삼가 고인의 명복을 빕니다.

인도에서 공중제비를 돌다

당시 도쿄 대학교 이학부의 소립자론 연구실에는 2년 동안 근무한 조수는 1년간 해외 출장을 갈 수 있는 고마운 관례가 있었습니다. 에구치 교수와 상담을 하고 프린스턴 고등연구소 연구원과 하버드 대학교의 주니어 펠로에 응모했습니다. 고등연구소는 초끈이론의 세계적 리더인 위튼 박사가 수년 전에 옮겨오면서 이 분야의 중심지가 되었습니다. 하지만 나는 대학원 석사 과정만 마치고 아직 박사 학위를 가지고 있지 않았기 때문에 박사후연구원 응모가 가능할지 뚜렷하지 않았습니다. 그래서 위튼 박사에게 솔직하게 말했더니 신청이 가능하다고 했습니다.

한편 주니어 펠로는 하버드 대학교 전체에서 매년 몇 명밖에 뽑히지 않는 명예로운 펠로십입니다. 하버드 대학교 교내에 펠로들을 위한 훌륭한 저택도 있고 매주 금요일에는 만찬회가 열리는데 그곳의 와인 컬렉션은 유명합니다. 여기에서도 박사 학위 취득 예정이라면 박사 학위가 없어도 된다고 했습니다.

얼마 후 하버드 대학교에서 내가 살고 있는 도쿄의 아파트로 전화가 왔습니다. 앞서 말한 인도의 겨울학교로 출발하기 전날 밤 새벽 2시였습니다. 전화에서 주니어 펠로 선발 위원장이 다짜고짜 "당신은 주니어 펠로 최종 후보로 선발되었으므로 면접을 봐야 합니다. 하버드로 오십시오. 다음 주 보스턴 행 비행기를 예약할 예정이니 그 비행기를 타세요"라고 했습니다.

너무 갑작스러운 일이었습니다. 내일 바로 인도 출장이라 그 비행기는 탈 수 없었습니다. 순간 인도에서의 강의를 취소할 생각도 했습니다. 그러나 그럴 수는 없는 일이라서 정중하게 거절했습니다. 선발 위원장은 하버드 대학교의 가장 명예로운 펠로십 면접을 그 자리에서 거절할 것이라고는 생각지도 못했던지 놀라움을 감추지 못했습니다.

그 후 나도 불안해졌습니다. 위튼 박사에게 문의를 했더니 12월에 정식 발표가 있다고 답이 왔습니다. 만약 고등연구소에서 정식 제안이 없으면 어렵게 얻은 기회를 헛되게 보낼 수도 있었습니다.

걱정이 된 나는 겨울학교가 개최되고 있는 칸푸르에서 도쿄 대학교의 비서에게 국제 전화를 걸었습니다. 나에게 온 연락이 없었냐고 물으니 프린스턴에서 온 편지가 도착했다고 해서 대신 열어봐 달라고 부탁했습니다. 비서의 "연구원 제안 레터"라는 말을 듣고 너무 기뻐서 수화기를 내려놓고 건물 밖으로 뛰어나가 잔디밭 위에서 공중제비를 돌았습니다. 이 모습을 본 연구자들은 지금도 "그때는 정말 대단했지"라고 말합니다. 그 전까지 공중제비를 해본 적이 없었고 지금도 할 수 없는데, 그때는 어떻게 할 수 있었는지 지금도 잘 모르겠습니다.

프린스턴 고등연구소로

1988년 8월 말, 나는 프린스턴으로 떠났습니다. 미국의 연구소에 가는 것은 처음이었습니다. 뉴욕 케네디 국제공항에 도착해서 지하철로 맨해튼까지 간 후 다시 기차를 타고 프린스턴 융티온이라는 역에서 내렸습니다. 여기서 다시 기차를 갈아타고 드디어 프린스턴역에 도착했습니다.

역에서 어정버정하고 있으니 프린스턴 대학교의 신입생이라고 생각했는지 역무원이 다가와서 말을 걸었습니다. 역무원은 다른 신입생의 부모님이 주차장으로 향하는 것을 보고 나를 가리키며 여기 이 학생도 태워다 달라고 부탁했습니다.

학생의 아버님께서 나에게 행선지를 물어서 올덴 렌이라는 거리에 있는 고등연구소라고 말했더니 잘 아는 곳이라고 했습니다. 그런데 막상 가보니 건물이 보이지 않았습니다. 도로 표지판을 자세히 보니 거기는 '올덴 렌'이 아니라 '올덴 스트리트'였습니다. 길을 지나는 사람에게 물어보니 올덴 렌은 골프장 반대편에 있다고 했습니다. 상당히 먼 거리였는데 그 먼 곳까지 데려다주셔서 미안한 마음이 들었습니다.

골프장 바깥으로 펼쳐진 고급 주택가를 지나자 눈앞에 넓은 잔디밭이 나타났습니다. 그리고 저 멀리 마치 새가 날개를 펼친 것 같은 콜로니얼 양식의 건물이 보였습니다. 고등연구소 본관인 풀드 홀입니다. 나를 바래다주신 아버님께 감사의 인사를 하자 "나도 프린스턴 대학교 졸업생이지만 여기까지 온 것은 처음이에요. 덕분에 좋은 곳을 보게 되었네요"라는 말을 남기고 떠났습니다.

그곳에 도착하니 고등연구소는 9월 말까지 여름 방학이었습니다. 더 늦게 와도 괜찮았을 테지만 그 덕에 2주 정도 여유로운 시간을 가졌습니다.

연구원의 기숙사는 연구소 가까이에 있었고, 주변은 잔디밭으로 둘러싸여 있었습니다. 처음에 놀란 것은 반딧불이가 많이 있다는 것이었습니다. 저녁이 되면 잔디밭 여기저기로 불빛이 떠다녔습니다. 중학교 때 읽은 레이 브래드버리Ray Bradbury의 소설 《민들레 와인》이 떠오르는 광경이었습니다. 반딧불이라고 하면 일본에서는 깨끗한 물이 흐르는 강에서 서식하는 실로 진귀한 종입니다. 세계에는 2000여 종의 반딧불이가 존재하는데 대부분은 육생이라고 합니다. 프린스턴의 반딧불이는 빛이 강한 종류라 마치 도깨비불 같았습니다.

프린스턴에서 서식하는 곤충이라면 17년마다 다량으로 생겨나는 '소수 매미'가 유명합니다. 소수는 1과 자기 자신만으로 나누어 떨어지는 자연수입니다. 소수 매미는 다른 생애 주기를 가진 매미와 동시에 발생하는 빈도가 낮아 경쟁자나 천적의 위협이 적어 자손을 남기기에 유리하다고 합니다. 내가 프린스턴으로 가기 1년 전에 이 소수 매미가 다량으로 나타나 화제가 된 적이 있습니다. 그 전에 이렇게까지 소수 매미가 많이 나타난 건 1979년이었습니다. 그해 프린스턴 대학교에서 명예 학위를 받은 밥 딜런이 학위 수여식에서 들었던 매미 소리를 소재로 매미가 우는 날Day of the Locusts이라는 노래를 만들었습니다.

박사 학위가 없는 연구자들이 우글우글

위튼 박사에게 문의를 하기는 했지만 박사 학위 없이 고등연구소에 온 것은 조금 신경이 쓰였습니다. 그래서 연구소의 비서와 잡담을 할 때 박사 학위가 없다고 솔직하게 말했더니 그는 전혀 아무렇지도 않다는 표정을 짓고 다음과 같이 말했습니다.

"다이슨 교수도 박사 학위가 없으니 상관이 없지 않을까요?"

다이슨 교수는 대학원 재학 중에 코넬 대학교의 교수가 되었고, 수개월 후 고등연구소로 옮겼기 때문에 당시 박사 학위를 취득하지 못했던 것입니다. 그 후 박사 학위에 대해서는 더 이상 생각하지 않기로 했습니다. 고등연구소에서 정식 직함은 '연구원'이지 '박사후연구원'이 아니었기 때문에 학력을 속인 것도 아니었습니다.

박사 학위가 꼭 필요하지 않더라도 이제는 박사 논문을 완성해야겠다는 결심이 섰습니다. 다이슨 교수 정도의 큰 인물이라면 몰라도 나의 경우 박사 학위 없이 마냥 지낼 수는 없었습니다. 그래서 프린스턴에 오기 전 에구치 교수와 함께 발표한 논문을 더 발전시키기로 했습니다. 초끈이론이 예측하는 입자의 질량에 관한 연구입니다. 수식 처리를 할 수 있는 컴퓨터가 풀드 홀의 다락방에 있어서 매일 거기에 가서 계산을 했습니다. 박사 논문에 대해서는 뒤에서 다시 이야기하겠습니다.

박사 학위가 없는 사람이 나와 다이슨 교수만은 아니었습니다. 같은 연구실을 사용하는 미하일 벨샤드스키도 박사 학위가 없었습니다. 벨샤드스키는 소비에트 연방 출신의 유태인으로 이 책의 제1부에서 이야기한 란다우의 '최소한의 이론'에도 합격해서 연구자로서는 이미 잘 알려져 있었습니다. 프린스턴에서 만났을 때 그는 미국으로 망명한 직후였습니다.

소비에트 연방에서는 해외 이주를 희망했음에도 인정받지 못한 유태인을 '반체제 활동가refusenik'라고 하며 여러 박해를 가했습니다. 이러한 상황 때문에 벨샤드스키도 좋은 대학에 갈 수 없었던 모양입니다. 냉전이 끝나가는 시대였습니다. 미국의 레이건 대통령이 모스크바를 방문하고 미국이 받아들이고 싶은 망명 희망자 리스트를 고르바초프 대통령에게 전달했는데 그 리스트 안에는 벨샤드스키의 이름도 있었습니다. 벨샤드스키는 망명을 할 수 있게 도움을 준 레이건 대통령에 감사하고 있었습니다.

망명할 당시 아직 박사 학위를 취득하지 못했던 벨샤드스키는 우선 매사추세츠 공과대학교에서 잠시 머물렀습니다. 그 후 "여기로 오면 1년 만에 박사 학위를 받을 수 있다"라는 약속을 받고 프린스턴 대학교로 옮겨왔습니다. 프린스턴 대학교에는 가끔 얼굴을 내밀고 고등연구소에 연구실을 얻어서 자신의 연구를 하고 있던 중에 나와 만난 것입니다.

그와 고등연구소에서 같은 방을 사용하면서 1년에 2개의 논문을 썼습니다. 또한 5년 후에는 위상 끈이론topological string theory에 관한 논문을 함께 작성했는데 나에게 이 논문을 쓰는 일이 중요했습니다. 이 이야기는 나중에 다시 하겠습니다.

이후 벨샤드스키는 하버드 대학교의 조교수가 되었고 토론토 대학교의 교수로 갈 계획이었습니다. 그런데 그가 이 책의 제1부에 등장한 사이먼스 회장이 경영하는 헤지펀드 회사에 취직하게 되어 학계를 떠나게 되었습니다. 지금은 그 회사의 임원으로 일하고 있습니다. 그는 이제 나와 전혀 다른 삶을 살고 있지만 지금도 매년 만나는 좋은 친구입니다.

현재 고등연구소 소장을 역임하고 있는 로버트 데이크흐

라프Robbert Dijkgraaf 소장도 당시는 네덜란드의 대학원생이었는데 위튼 박사와의 공동 연구를 위해서 연구소로 출근을 하고 있었습니다. 고등연구소는 이처럼 박사 학위를 가지지 않은 사람들이 우글우글 몰려 있었습니다.

치열한 경쟁의 장인가, 자유로운 낙원인가

가끔 프린스턴 대학교 소속으로 오해를 받지만 고등연구소는 대학과는 독립된 조직입니다. 최근 수십 년 사이에 세계 각지에 '고등연구소'라는 이름을 가진 곳이 많아졌는데 이와 구별하기 위해서 일본에서는 '프린스턴 고등연구소'라고 합니다. 하지만 여기가 본진이기 때문에 정식으로는 '프린스턴'이라는 지명을 굳이 넣지 않았습니다.

1930년에 설립된 고등연구소는 독일 나치에서 미국으로 망명한 아인슈타인, 괴델, 폰 노이만 등 저명한 연구자들이 모여서 시작되었습니다. 자연과학, 수학, 사회과학, 역사학이라는 네 개의 부문으로 나누어져 있고, 막대한 기금과 부유한 후원자의 도움으로 수많은 박사후연구원, 객원 교수, 그들을 돕는 직원을 고용하고 있습니다.

초대 소장이었던 에이브러햄 플렉스너Abraham Flexner는 의학학교를 설립하고 싶어 하는 독지가들을 설득해서 기초과학과 인문사회를 탐구하는 연구소를 만든 식견이 있는 사람이었습니다. 그는 1939년 잡지 《하퍼스Harper's》에 기고한 에세이 〈쓸모없는 지식의 쓸모The Usefulness of Useless Knowledge〉의 저자로도 잘 알려져 있습니다. 일견 모순된 것처럼 보이는 제목의 의미에 대해서는 이 책의 제4부에서 자세하게 이야기하겠습니다. 이 에세이는 하쓰다 데쓰오初田哲男를 비롯한 리켄의 연구자들이 친절하게 해설을 달아 번역했습니다. 데이크흐라프 소장의 글도 게재되어 있는 것을 보면 플렉스너의 정신이 지금도 이어지고 있다는 것을 알 수 있습니다.

제2차 세계대전 후 2대 소장은 로버트 오펜하이머Robert Oppenheimer였습니다. 원자폭탄 개발에 성공한 맨해튼 계획을 주도한 오펜하이머는 피폭국인 일본의 부흥에 협력하고 싶었는지 연구소에 많은 일본인을 초대했습니다.

도모나가 신이치로도 그중 한 사람이었습니다. 그의 수필에 "미국 생활은 참으로 고마운 것이었다. 하지만 너무 좋았던 것인지 마치 극락의 섬으로 유배를 간 느낌이어서 향수병으로 고생을 했다"라고 하며 좋았다는 것인지 힘들었다는 것인지 알 수 없는 감상이 서술되어 있습니다.

난부 요이치로도 "예상과 다르게 프린스턴에서의 2년은 천국과 지옥을 섞어놓은 것 같았다"라며 회상하고 있습니다. 또한 난부가 죽은 후 공개된 친구들에게 보낸 편지에는 다음과 같은 글이 있었습니다.

"젊었을 때는 이상에 불타고 야심도 있지만 잘 참지도 못하는 법입니다. 나도 그랬습니다. 물리의 큰 문제를 풀지 않으면

만족할 수 없었습니다. 그와 동시에 스스로 자신감이 없고 항상 타인과 비교해서 불안했습니다. 내가 고등연구소에서 2년을 보냈을 때 그것을 뼈저리게 느꼈습니다. 이루고 싶은 일을 이뤄내지 못하고 있어서 그런지 모두가 나보다 똑똑하게 보였고 나는 신경쇠약에 빠져버렸습니다."

오펜하이머의 강한 개성 때문이었는지 그가 소장으로 있었을 때 고등연구소는 연구자들끼리 경쟁이 치열했던 것 같습니다. 물리학자 제레미 번스타인Jeremy Bernstein의 회상록《그것이 가져다준 인생The Life It Brings》에도 고등연구소의 엄격한 환경이 서술되어 있습니다. 매주 오펜하이머와 상담이 있었고 지난주의 연구 성과를 보고하도록 했습니다. 연구원들 사이에서는 그 모습이 마치 가톨릭 신자가 성직자에게 죄를 고백하는 모습과 같다고 하여 이것을 '고해 성사'라고 불렀다고 합니다. 이 책의 제목에서 '그것'이란 '물리학'을 뜻하는 것으로 오펜하이머가 한 말이라고 합니다.

내가 있을 때는 그렇게 엄격하지 않았습니다. 분위기를 잘 파악하지 못해서 모르고 지나갔을 수도 있지만 기억하기로는 친근한 환경이었습니다. 연구소에서는 매일 오후에 티타임을 즐겼습니다. 홍차와 갓 구운 쿠키를 먹으며 소립자론과 관련된 연구자뿐만 아니라 천체 물리학, 수학, 인문사회 등 여러 분야의 연구자와 이야기를 나눌 수 있었습니다. 나에게는 이 시간이 자유로운 낙원처럼 느껴졌습니다.

기숙사가 연구소와 가까이 있어서 연구자들과 합숙 생활을 하는 것 같았습니다. 당시는 집에 인터넷이 없어서 대부분의 박사후연구원은 저녁을 먹고 다시 연구소로 돌아와 밤 늦게까지 토론을 했습니다. 이런 교류를 하면서 벨샤드스키를 비롯하여 많은 친구를 얻었습니다.

'대학원에서 길러야 할 세 가지 힘'에서도 서술한 바와 같이 고등연구소라고 해서 깜짝 놀랄 만한 천재들만 모여 있는 것은 아니었습니다. 그래도 문제를 철저하게 생각하는 연구자들의 강한 지구력에는 감탄했습니다.

물론 어떤 일에도 예외는 있습니다. 위튼 박사의 생각의 속도는 특별했습니다. 그와 이야기를 하고 있으면 언제나 내가 뒤에서 쫓아가는 기분이었습니다.

라마누잔의 공식을 초끈이론에 이용하다

고등연구소에서의 연구 생활이 너무 즐거워서 미국에 좀 더 있고 싶다고 생각했습니다. 이런 나의 마음을 꿰뚫어보기라도 한듯이 고마운 전화를 주신 분이 시카고 대학교의 난부 요이치로 교수였습니다. 시카고 대학교 조교수로 오지 않겠느냐는 제안을 하기 위한 전화였습니다. 크리스마스가 다가오는 무렵이었습니다.

사실 고등연구소에서 1년 더 머무르기로 결정하고 나서 제안을 받은 것이지만 시카고 대학교의 조교수 자리도 재밌겠다고 생각했습니다. 조교수가 되면 고등연구소에 남는 것보다 더 오랫동안 미국에 있을 수 있을 것 같아 난부 교수의 권유를 받아들이기로 했습니다.

이렇게 되자 역시 문제는 박사 학위였습니다. 교토 대학교에서 도쿄 대학교로 옮길 때 도쿄 대학교의 한 선생이 석사 학위는 꼭 받고 와야 한다고 했는데 이번에는 난부 교수가 박사 학위는 꼭 가지고 오라고 했습니다. 그래서 고등연구소의 다락방에서 계산을 했던 연구를 가지고 논문을 작성해서 도쿄 대학교에 제출했습니다.

박사 논문에서는 인도의 위대한 수학자 라마누잔Ramanujan의 공식을 초끈이론에 응용했습니다.

스리니바사 라마누잔은 1887년에 태어나 영국 식민지 시대 때 인도에서 사무직원으로 일했습니다. 수학자로서 교육을 받지는 않았지만 어느 날 밤에 잠을 자고 있는 동안 힌두교의 신이 라마누잔의 혀 위에 수식을 적어서 수학의 정리를 내려주었다고 합니다. 라마누잔은 정리에 증명이 있어야 한다는 것을 몰랐습니다. 독자적 방법으로 검증을 한 것 같은데도 그가 발견한 많은 수식에는 틀린 것이 거의 없었습니다. 라마누잔은 검증한 것을 노트에 적어서 케임브리지 대학교의 교수 고드프리 하디Godfrey Hardy에게 보냈습니다. 하디는 이것을 보고 이런 수식은 본 적이 없다면서 경악하며 동료인 존 이든저 리틀우드 John Edensor Littlewood와 함께 검토했습니다. 그 후 그들은 라마누잔이 특별한 독창성과 역량을 가진 자임에 틀림이 없다고 생각하여 케임브리지 대학교에 초빙했습니다. 그 후 라마누잔은 케임브리지 대학교에 머문 5년 동안 하디와 공동으로 수많은 중요한 발견을 합니다. 그러던 중 제1차 세계대전이 발발해서 물자가 부족해져 채식주의였던 라마누잔은 영양실조로 32살에 요절합니다.

나는 앞에서 도쿄 대학교 조수일 때 인도에 갔던 이야기를 했습니다. 내가 인도에 갔을 때가 마침 라마누잔 탄생 100주년 기념의 해여서 여러 행사가 열렸습니다. 그중 하나가 수학자 조지 앤드류스의 라마누잔의 《잃어버린 노트》에 대한 강연이 었습니다. 텔레비전으로 중개를 했기 때문에 나도 대학의 라운지에서 시청할 수 있었습니다.

라마누잔은 죽기 한 해 전에 인도로 돌아와서 자신이 발견한 불가사의한 함수의 성질을 조사하고 그것을 적은 노트를 하디에게 보냈습니다. 이 노트는 몇 명의 수학자들의 손을 거쳐 케임브리지 대학교 트리니티 칼리지의 도서관에 기증되었지만 발견되지 못한 채 잠들어 있었습니다. 이것을 앤드류스가 발견해서 '잃어버린 노트'라는 이름을 붙이고 라마누잔 탄생 100주년을 기념하여 책으로 출판했습니다.

나는 텔레비전에서 그 강연을 보면서 라마누잔의 공식을 언젠가 물리 연구에 이용해보고 싶다는 생각을 농담 반 진담 반으로 했습니다. 고등연구소의 다이슨도 라마누잔 탄생 100주년을 기념하는 에세이에서 "나의 꿈은 초끈이론의 예측과 자연의 진리를 대조하는 일에 고생하고 있는 젊은 물리학자들이 언젠가 그들의 수학적 기법 가운데 '라마누잔의 공식'을 이용하는 것을 보는 것이다"라고 서술했습니다. 이때는 2년 후 내가 박사 논문에서 라마누잔의 공식을 이용할 것이라고는 전혀 생각하지 못했습니다.

이제 박사 논문 이야기를 해보겠습니다. 고등연구소의 다락방 컴퓨터에 라마누잔의 공식을 입력하고 거기에 초끈이론이 예측하는 입자의 질량을 계산해보니 90, 462, 1540, … 이런 숫자가 차례차례 나왔습니다. 이런 계산을 할 수 있었다는 것이 하나의 성과였기 때문에 이것을 가지고 박사 논문을 완성했습니다. 그런데 90, 462, 1540, … 이라는 숫자에 어떤 의미가 있을 것 같다는 생각을 했습니다.

그리고 20년이 흘렀습니다. 어느 여름 날 나는 콜로라도주의 아스펜 물리학센터에서 만난 친구 두 명과 비를 피해서 이야기를 나누고 있던 중에 갑자기 박사 논문에서 계산한 90, 462, 1540, … 라는 숫자의 의미를 알게 되었습니다. 수수께끼 같았던 이 수열은 초끈이론의 대칭성을 나타내고 있었습니다. 이 발견은 '마티외 문샤인Mathieu Moonshine'이라고 불리게 되었고 현재 세계 각국에서 활발하게 연구되고 있습니다. '대학원에서 길러야 할 세 가지 힘'에서 박사 논문에서 해결하지 못한 문제를 20년에 걸쳐 푼 경험도 있다고 했던 것이 바로 이 이야기입니다.

그로부터 10년이 지난 2018년 봄 케임브리지 대학교를 방문했을 때 트리니티 칼리지의 도서관에서 라마누잔의 잃어버린 노트를 볼 수 있었습니다. 박사 논문에서 이용한 공식이 라마누잔의 손글씨로 적혀 있었습니다. 그 순간 내가 30년에 걸쳐 커다란 원을 그리고 다시 원래의 자리로 돌아온 느낌이었습니다.

난부 요이치로와의 추억

고등연구소에서의 임기를 마친 1989년 가을, 나는 시카고 대학교의 조교수로 부임했습니다.

시카고는 미국 경제와 문화의 중심지로 미술관과 교향악단이 세계적으로 유명합니다. 일본과 비교해 뉴욕을 도쿄, 로스앤젤레스를 오사카라고 치면, 시카고는 나고야라고 할 수 있습니다. 북유럽계의 이민이 많고 강건한 느낌의 땅입니다.

시카고의 중심에서 미시건호를 따라 차로 10분 정도 남쪽으로 내려가면 시카고 대학교가 있습니다. 세계 최대의 정유 회사를 창립해서 성공한 존 데이비슨 록펠러John Davison Rockefeller가 미국 서부의 중심에 있는 시카고에 동해안의 아이비리그에 필적하는 대학이 필요하다며 기부한 거액의 자금으로 1890년에 설립되었습니다. 영국의 옥스퍼드 대학교와 같은 고딕 양식의 건물이 이어진 캠퍼스는 아름다웠고 "지식을 창출하여 인류의 삶을 윤택하게"를 교훈으로 하는 연구에 중점을 둔 대학입니다.

시카고에서 난부 교수에게 많은 도움을 받았습니다. 초대를 받아 사모님의 맛있는 집밥을 여러 번 먹었습니다. 식사 후 일본 영화 〈남자는 괴로워男はつらいよ〉를 보는 것도 즐거움의 하나였습니다. 난부 교수는 영화를 좋아해서 비디오를 수집하고 있었는데 영화를 감상하는 자세가 진지함 그 자체였습니다. 아쓰미 기요시가 연기하는 도라지로가 제멋대로 행동하면 "용서할 수 없는 놈이네"라고 말은 하지 않았지만 점점 언짢은 얼굴이 되었습니다.

도쿄 대학교를 퇴임한 고시바 마사토시 교수가 시카고에 한 달 정도 머물렀을 때도 난부 교수는 나를 식사 자리에 초대해 주었습니다. 고시바 교수는 대학원 입학 때 이론 물리학을 지망했는데 오사카 시립대학교의 교수였던 난부 교수를 찾아가 그 밑에서 학문을 배우면서 가까운 사이가 되었습니다. 고시바 교수가 오사카에 머무는 동안 이론 물리학이 체질에 맞지 않다는 것을 깨닫고 실험 물리학으로 전향했다고 합니다.

고시바 교수는 로체스터 대학교에서 박사 학위를 받고 시카고 대학교에서 박사후연구원을 했기 때문에 시카고에 추억이 많았습니다. 고시바 교수가 시카고에 있을 때 몇 번 산책을 같이 하면서 박사후연구원 시절의 모험담을 들었습니다.

마지막으로 난부 교수를 만난 것은 2015년 6월이었습니다. 내가 재직하고 있는 캘리포니아 공과대학교의 티셔츠와 머그컵을 선물로 가져갔더니 반가워하면서 캘리포니아를 방문했을 때의 기억과 겔만의 이야기 등을 재밌게 들려주었습니다. 그리고 한 달 후 슬픈 소식이 날아왔습니다.

시카고 대학교로 전직은 실패

안타깝게도 시카고 대학교로의 전직은 실패했습니다.

고등연구소에서는 본인의 연구만 하면 되었는데 시카고 대학교의 조교수는 그럴 수 없었습니다. 수업과 학생 지도 외에도 연구실 운영과 연구 자금 확보 등 연구 이외의 업무가 많았습니다. 당시 나는 박사 학위를 취득한 지 얼마 되지 않은 27살의 젊은 나이였고 영어에도 능통하지 않아서 미국에서 조교수를 맡을 준비가 되어 있지 않았습니다.

"인간은 자신의 능력이 최대치인 상태에서 승진하기 때문에 결과적으로 고위직에 있을 때는 무능해진 상태다."

이것은 관료제 안에서 '피터의 법칙'으로 알려진 말입니다. 조직 안에서는 능력 있는 자가 돋보여서 승진하기 때문에 그 사람이 승진할 수 없게 되었을 때에는 무능한 상태입니다. 따라서 자신의 상사가 무능하게 보이는 것은 그들의 능력이 한계에 다다라 출세했기 때문이라고 합니다. 농담으로 하는 말이지만 세상의 진실을 지적한 법칙입니다. 시카고 대학교에서 나는 피터의 법칙 그 자체였습니다.

나는 어찌할 줄 모르고 힘들어하고 있었는데 또 다시 크리스마스를 앞두고 구원의 전화가 걸려왔습니다. 교토 대학교 수리해석 연구소의 사토 미키오佐藤幹夫 소장으로부터 조교수로 오지 않겠냐는 제안을 받은 것입니다. 난부 교수에게는 미안한 일이었지만 나는 그 제안을 받아 귀국하기로 결정했습니다.

그때 바로 귀국하지 않고 시카고에서 조금 더 견뎌볼 생각은 없었냐는 질문을 받을 때가 있습니다. 연구자 경력에는 여러 무대가 있고 적당한 시기에 적당한 무대로 진출할 필요가 있습니다. 시카고 대학교의 조교수는 학생 지도, 수업, 연구실 운영, 연구 자금 확보 등 연구 이외의 업무에도 힘을 쏟아야 합니다. 나는 당시 아직 그럴 때가 아니라 연구에 집중해서 연구자로서 나를 확립해야 하는 시기라고 생각했습니다.

나에게 수리해석 연구소는 멋진 환경이었습니다. 나에게 제안을 한 사토 미키오 소장은 '대수해석'이라는 분야를 창시한 세계적인 수학자로 평상시 다음과 같은 말을 자주 했습니다.

"아침에 일어나서 오늘 하루 수학을 공부하겠다는 생각만으로는 부족해요. 수학을 생각하면서 잠이 들고 아침에 눈을 뜨면 이미 수학의 세계에 들어와 있어야 합니다."

이런 사람이 소장으로 있는 연구소니 시카고 대학교와 같은 '조교수'라고 해도 아침부터 밤까지 연구에 집중할 수가 있었습니다.

바흐를 들으면서 '장난감 끈이론'을 풀다

초끈이론 분야에서 스스로 납득할 만한 큰 업적을 올릴 수 있었던 것은 수리해석 연구소에서 2년 반 정도 연구를 한 다음 하버드 대학교로 1년 동안 출장을 갔기 때문입니다.

하버드 대학교로 초빙해준 사람은 캄란 배파 교수였습니다. 배파 교수를 처음 만난 것은 내가 고등연구소에 있을 때 박사 논문에 대한 세미나를 위해 하버드 대학교에 갔을 때였습니다.

배파 교수의 백부는 이란 혁명 이전에 팔라비 국왕 밑에서 재무장관을 역임한 바 있는 명문가 집안 출신입니다. 그는 이란 혁명이 일어나기 한 해 전에 미국으로 건너와 메사추세츠 공과대학교에서 유학을 한 후 프린스턴 대학교 대학원에 들어가서 위튼 교수의 지도를 받았습니다.

위튼 교수가 궁극의 수재라면 그 제자인 배파 교수는 신과 같은 천재였습니다. 토론 중 논리를 뛰어넘어 "답은 이것이다"라며 마치 신탁을 받은 것처럼 말을 하곤 했는데 대개 틀리지 않았습니다. 그와 관련된 이론에 대해서는 그 후에 생각을 하곤 했습니다.

배파 교수와 최초의 공동 연구는 시카고 대학교에 있었을 때였습니다. 먼저 그 이야기부터 하겠습니다.

이론 물리학에서는 가끔 '장난감 모형'이라는 것을 생각합니다. 물리학의 목적은 자연 현상을 설명하는 것입니다. 그런데 현실 세계에는 다양한 측면이 있어서 무엇이 문제의 본질이고 무엇이 부수적인 일인지 알 수 없는 경우가 있습니다. 이럴 때 물리학에서는 문제를 과감하게 단순화시킵니다. 이렇게 단순화시킨 문제를 장난감 모형이라고 합니다. 장난감 모형을 풀어서 본질을 이해한 다음, 현실 세계의 문제에 도전하는 것입니다.

초끈이론은 무한한 입자를 포함한 복잡한 이론입니다. 그래서 배파 교수와 나는 이 이론을 단순화하여 장난감 끈이론으로 생각하기로 했습니다. 내가 생각한 끈이론은 무한이 아니라 한 종류의 입자만 가지고 있습니다. 그럼에도 일반상대성이론의 원리를 충족하고 중력도 포함합니다. 따라서 장난감 끈이론을 잘 이해하면 중력과 양자역학의 통합을 완성할 수 있는 힌트를 얻을 수 있다고 생각했습니다.

내가 생각하고 있었던 문제는 장난감 끈이론의 중력 방정식이 무엇인지에 대한 것이었습니다. 중력에는 아인슈타인 방정식이 있습니다. 그런데 우리가 장난감 끈이론에서 이끌어낸 방정식은 아인슈타인의 방정식과 전혀 다른 것이었습니다.

시카고에서 이 문제를 연구하고 있을 때, 인디애나 대학교의 세미나에 초대를 받았습니다. 이 대학에는 전미에서도 유수의 음악 학부가 있어서 매일 훌륭한 연주회가 열렸습니다. 내가 도착한 날 밤에도 음악 박사 학위 심사를 위한 독주회가 있어서 갔었는데 연주곡은 바흐의 '무반주 바이올린을 위한 파르티타'였습니다.

바흐의 바이올린 곡을 듣고 있다가 아인슈타인 방정식 외에 또 하나의 중력 방정식이 있다는 것을 기억해냈습니다. 도쿄 대학교에서 신세를 졌던 에구치 교수가 박사후연구원이었을 때 아인슈타인 방정식을 간단하게 한 '자기쌍대방정식'을 최초로 발견했습니다. 에구치 교수가 일본 '학사원 은사상'을 수상했을 때 천황 앞에서 이 값에 대해 설명을 했을 정도로 중요한 업적이었습니다.

배파 교수와 함께 생각하고 있었던 장난감 끈이론은 초끈이론보다 간단해서 그 방정식이 아인슈타인 방정식을 간단화시킨 에구치 교수의 자기쌍대방정식이 아닐까하고 연주가 끝날 무렵 생각했습니다.

독주회가 끝나고 바로 숙소로 돌아와서 일본으로 국제 전화를 걸었습니다. 교토 대학교의 다카사키 가네히사高崎金久 교수가 자기쌍대방정식에 대해서 연구를 하고 있다고 들었기 때문입니다. 당시 다카사키 교수의 연락처를 모르고 있었는데 인터넷으로 전화번호를 검색할 수도 없는 시대였기 때문에 시간이 많이 걸렸습니다. 먼저 일본 전신 전화의 전화번호 안내를 통해서 교토 대학교 본부에 전화를 걸었고, 다카사키 교수의 비서와 연락을 취한 다음에야 다카사키와 통화를 할 수 있었습니다.

장난감 끈이론에서는 한 종류의 입자만 포함되어 있어서 다카사키 교수에게 중력의 자기쌍대방정식을 이런 입자를 이용해서 표현하는 방법이 있는지에 대해서 질문했습니다. 다카사키 교수는 멕시코로 이주한 폴란드 출신의 제르쥐 프레반스키가 이런 방정식을 생각하고 있다고 알려주었습니다.

다음 날 인디애나 대학교의 도서관에서 프레반스키의 논문을 찾아보았더니 논문에 배파 교수와 내가 장난감 끈이론에서 이끌어낸 방정식이 있었습니다. 즉 장난감 끈이론의 기초 방정식은 중력의 자기쌍대방정식이었던 것입니다. 나는 숙소의 비즈니스 센터에서 배파 교수에게 이메일을 보내 퍼즐의 마지막 한 조각을 찾았다고 전했습니다.

다음 날 시카고로 돌아올 무렵, 그 마지막 조각을 더한 논문의 원고를 배파 교수에게 받았습니다. 제목은 〈자기쌍대성과 N=2 끈의 마술Selfduality and N=2 String Magic〉로 논문의 제목에 '마술magic'을 넣는 것은 역시 배파 교수의 센스라고 느꼈습니다. '마술'이라는 단어는 고대 페르시아에서 학자나 신관을 의미하는 '마그magu'에서 유래했습니다. 이란 출신의 배파 교수에게는 자연스러운 단어일 수도 있습니다.

앞에서 시카고 대학교로의 전직은 실패했다고 했습니다. 그런데 시카고에서 발표한 이 연구는 나쁘지 않았습니다. 이 연구가 나의 연구의 큰 흐름의 하나인 위상 끈이론으로도 이어지는 성과였습니다.

보편성을 가지는 성과 'BCOV 이론'

그 후에도 배파 교수와는 가깝게 교류를 했습니다. 1992년 가을부터 1년간 하버드 대학교에 머무는 동안 위상 끈이론의 계산 방법을 개발하는 연구 계획을 세우고 보스턴으로 돌아왔습니다.

위상 끈이론은 고등연구소의 위튼 교수가 장난감 모형으로 사용하려고 고안한 것입니다. 그런데 아직 해결되지 않은 문제가 있었습니다. 물리적으로 흥미가 있는 '양'에 대해 계산을 하여 답을 낼 수가 없었습니다. 나는 시카고 대학교에 있을 때 배파 교수와 함께 장난감 끈이론에 대한 논문을 작성했기 때문에 하버드 대학교에 머무는 동안 다른 유형의 장난감 모형인 위상 끈이론에 대한 문제도 해결하려고 했습니다.

여기서 만난 사람이 이탈리아 연구소에서 온 세르지오 체코티 교수입니다.

체코티 교수와 배파 교수는 초끈이론과는 관련이 없는 것 같은 문제를 연구하고 있었습니다. 그런데 그들의 토론을 보고 있으니 그들의 생각을 위상 끈이론에도 사용할 수 있겠다는 생각이 들었습니다.

어느 날 집으로 돌아오는 길 지하철 안에서 위상 끈이론에서 계산하고 싶었던 '양'이 있는 방정식을 충족시킬 수 있을 것 같은 생각이 떠올랐습니다. 며칠 후 방정식의 모양을 대강 정해서 배파 교수에게 그 아이디어를 설명하러 갔습니다. 하버드 대학교의 카페 테라스에서 점심을 먹으면서 종이 냅킨 위에 수식을 적고 논의했더니 대강만 알 수 있었던 방정식이 그 자리에서 명확해졌습니다.

그 후 "이 방정식을 풀어서 여러 양을 계산해보자"로 이야기가 진행되었습니다. 여기서부터는 고등연구소에서 만난 체코티 교수도 함께 했습니다. 그는 당시 하버드 대학교의 조교수가 되었습니다.

방정식을 풀기 위해서 매일 칠판 앞에서 몇 시간 동안 토론을 했습니다. 좀처럼 진전이 없었습니다. 진전을 보이기 시작한 것은 논의를 시작하고 반년 후인 1993년 3월의 일입니다.

나는 코넬 대학교의 세미나에 초청을 받고 뉴욕주 북부의 이사카를 방문했습니다. 코넬 대학교의 사람들과 저녁식사를 마치고 숙소로 돌아와 TV를 보는데 뉴스에서 금세기 최대의 눈보라가 오고 있다는 보도가 나오고 있었습니다. 이사카는 미국에서도 눈이 많이 내리는 지역으로 유명해서 눈에 갇히면 일주일 동안 나올 수 없습니다. 급하게 짐을 챙겨서 차를 타고 눈보라를 피해서 보스턴으로 돌아왔습니다. 100년에 한 번 오는 강한 눈보라였기 때문에 보스턴에서도 아파트 밖으로 나올 수 없었습니다.

그 덕에 며칠간 집중해서 방정식을 쳐다볼 수 있었습니다. 급기야 파인만 도형을 사용하니 방정식이 순서대로 풀렸습니다. 다이슨의 분류에 따르면 나는 역시 기하학 타입의 사람인지도 모르겠습니다.

이쯤 되니 욕심이 나서 장난감 모형이라고 생각했던 위상 끈 이론을 초끈이론의 계산에 직접 사용할 수 있겠다는 생각으로 이어졌습니다. 이 부분에서 우리는 신나게 논의를 했고 그 결과 이 이론이 도출된 소립자의 계산에 도움이 된다는 것을 발견했습니다.

하버드 대학교에서의 일 년간 연구가 끝날 무렵 이렇게 얻은 연구 성과를 정리해 200쪽에 달하는 논문 〈고다이라-스펜서의 중력 이론과 양자 끈이론의 엄밀한 결과Kodaira-Spencer theory of gravity and exact results for quantum string amplitudes〉로 완성했습니다. 이 연구에서 우리들이 개발한 계산 방법과 초끈이론으로의 응용에 관한 이론은 이후 네 사람의 이름 첫 글자를 따서 'BCOV 이론'이라고 불립니다.

BCOV 이론은 수학과 물리학의 폭넓은 분야에서 사용되고 있습니다. 내가 고등학교 때 읽은 푸앵카레의 《과학과 방법》에서 "가치가 있는 과학이란 더 많은 과학의 발전으로 이어지는 보편적 발견"이라고 배웠고 나 역시 이런 연구를 지향해왔습니다. BCOV 이론은 내가 연구한 가운데 보편성을 가진 최초의 성과라고 자부하고 있습니다.

이 논문을 완성한 직후 체코티 교수는 이탈리아 정계로 나갔습니다. 물리학에서 해야 할 일을 다 했다고 생각했는지도 모르겠습니다. 이탈리아 북부의 소수 민족 출신인 그는 민족의 독립을 호소하는 당을 창설하고 당시 약진하고 있던 북부동맹과 연맹하여 프리울리베네치아줄리아주 지사가 되었습니다. 또한 프리울리 지방의 중심지인 우디네의 시장도 역임하여 약 15년에 걸쳐서 정계에서 활약했습니다. 지금은 정치에서 물러나 다시 물리학 연구를 하고 있습니다.

2018년 도호쿠 대학교에서 초끈이론에 대한 큰 국제 회의를 열었는데 마침 BCOV 이론의 25주년 기념의 해였습니다. 회의

의 자문 위원회가 이와 관련하여 행사를 열어야 한다고 해서
마지막 날 BCOV 이론의 특별 세션을 마련하기도 했습니다.

스피치를 위한 전략

미국에 와서 놀란 일 중 하나는 동료 교수들이 연설을 잘한다는 것이었습니다. 회식에서 디저트가 나올 때쯤 적절한 때에 일어나서 멋있는 말을 하고는 자리에 앉습니다. 교수회에서는 설전도 대단합니다. 나는 도저히 흉내도 낼 수 없어서 연설을 하기 전에 원고를 준비하기로 했습니다.

처음에는 영어 연설 원고만 준비했습니다. 그런데 일본어도 원고가 있으면 더 잘할 수 있다는 것을 깨닫고 최근에는 어떤 연설이라도 반드시 사전에 원고를 준비합니다. 원고를 쓰면서 무엇을 말할 것인지를 미리 생각해둘 수 있습니다. 이 습관은 도움이 됩니다.

미국의 대학에는 '테뉴어 트랙tenure track'이라는 제도가 있습니다. '테뉴어'란 종신 재직권이라는 뜻인데 이것이 있으면 해고되는 일이 잘 없습니다. 테뉴어 트랙은 테뉴어를 얻기까지의 심사 기간을 말하는데 기간 중 심사를 통과하면 테뉴어를 받을 수 있습니다.

제3부에서 이야기하겠지만 나는 캘리포니아 대학교 버클리 캠퍼스에 처음부터 정교수로 고용되었습니다. 그래서 이제까지 테뉴

어 심사를 받은 적이 없습니다. 그 대신 테뉴어 심사 위원장을 몇 번 경험했습니다.

내가 처음으로 심사 위원장을 맡은 것도 캘리포니아 대학교 버클리 캠퍼스에 있었을 때입니다. 버클리에서는 테뉴어 트랙의 조교수(일본 대학 교직원으로는 조교에 해당)는 3년마다 심사를 받습니다. 보통 첫 번째 심사는 중간평가를 위한 것이고 두 번째 심사에서 테뉴어를 줄 것인지를 결정합니다.

내가 위원회에서 담당한 조교수가 첫 심사를 받았는데 그의 연구 업적이나 학외 연구자로부터의 평가서를 보니 두 번째 심사를 기다릴 필요 없이 바로 테뉴어를 수여해도 될 것 같았습니다. 다른 심사 위원들도 같은 의견이어서 물리학과장에게 의논을 했더니 처음으로 하는 심사라서 시기상조라며 반대를 했습니다.

이에 나는 교수회에서 교수들에게 찬성의 의견을 모으기 위해 윌리엄 셰익스피어의 정치극 《줄리어스 시저의 비극》에 등장하는 마크 안토니의 시저 추도 연설을 참고하여 연설을 준비했습니다.

셰익스피어의 희극에서 안토니는 시저를 암살한 브루투스를 직접 비난하지 않고 시저의 업적을 구체적 사실로 담담하게 이야기하면서 암살의 시비를 청중이 판단하도록 맡겨 시민의 마음을 사로잡습니다.

나는 교수회에서 심사 대상인 조교수의 업적을 구체적으로 설명한 뒤, 이런 업적에도 불구하고 학과장의 조언에 따라 심사 위원회는 그에게 테뉴어를 수여할 수 없다고 말했습니다. 나의 연설이 끝나자 교수들이 그 정도로 업적이 좋다면 승진시켜야 하지 않냐는 발언이 쏟아졌고 가만히 듣고 있던 중에 만장일치로 테뉴어 수여 추천이 결정되었습니다. 학과장도 납득을 해서 대학 본부에 보고를 하고 조교수에게 무사히 테뉴어를 수여해서 준교수로 승진이 인정되었습니다.

교수회에서는 준비한 원고를 그대로 읽었지만 《줄리어스 시저의 비극》의 무대가 된 고대 로마에서는 연설을 암송했다고 합니다. 안토니의 정적 키케로가 변론술에 대해서 설명한 《연설가에 대하여》에는 연설 원고를 기억하는 방법에 대해 설명하는 부분이 있습니다. 그러나 나는 암기에는 자신이 없어서 항상 원고를 손에 들고 다닙니다. 보지 않을 때도 있지만 원고가 있어야 안심이 됩니다.

이 때문에 모임에서 갑자기 한마디 해달라는 말을 들으면 곤란해집니다. 가능한 사전에 알려주면 좋겠습니다.

제3부

기초과학을 키우다

미국에서의 커리어 재도전

하버드 대학교에서 연구를 마치고 교토 대학교로 돌아왔을 때 미국의 몇몇 대학으로부터 교수직에 응모를 해보지 않겠냐고 권유를 받았습니다. 시카고 대학교의 조교수가 되었을 때는 박사 학위를 받고 얼마 되지 않은 시기여서 모든 것이 부족했습니다. 그 후 5년이 지나니 내 나름대로 경험도 쌓이고 스스로 보람을 느낄 수 있는 연구 성과도 있어서 미국에서 경력을 쌓는 것에 다시 한번 도전해보고 싶었습니다.

그래서 캘리포니아 대학교 버클리 캠퍼스에 응모했습니다. 제2차 세계대전 전에 일본에 9개의 제국 대학이 있었던 것처럼 캘리포니아 대학교 기구에는 10개의 연구 대학이 소속되어 있습니다. 로스앤젤레스 캠퍼스(UCLA)와 샌프란시스코 캠퍼스는 일본에도 잘 알려져 있습니다. 그중에서도 가장 먼저 설립된 것이 버클리 캠퍼스입니다.

면접을 보러 캘리포니아에 갔더니 3일에 걸친 일정이 짜여 있었습니다. 먼저 물리학과의 여러 분야 교수의 연구실을 차례대로 방문하고 한 시간씩 면접을 했습니다. 나의 전문 분야인 소립자론뿐만 아니라 폭넓은 분야의 사람들과 교류할 수 있는 학자인지, 같은 대학의 동료로서 인정할 수 있는 인물인지 등을 알아보기 위한 것입니다.

물론 일방적으로 평가를 받는 건 아니었습니다. 대학 방문은 나처럼 면접을 보러 간 후보자 입장에서도 정말 이 대학의 교수가 되고 싶은지를 검토할 수 있는 기회입니다. 나에게는 교토 대학교의 수리해석 연구소라는 훌륭한 직장이 있었고, 원한다면 일을 더 할 수 있었기 때문에 굳이 옮길 필요는 없었습니다.

물론 대학 측에서도 그것을 알고 있었습니다. 대학의 운영과 관련이 있는 부학장, 이사 등과도 면담을 했고 연구실을 위해서 필요한 지원에 대해서도 상담을 했습니다.

캘리포니아에 머무르는 동안 부동산 중개인과 함께 주변의 집들을 돌아보기도 했습니다. 버클리는 항구를 사이에 두고 샌프란시스코 건너편에 있어서 대학의 북쪽 언덕 위에 위치한 마을은 금문교가 내려다보이는 멋진 곳이었습니다.

나는 교토 대학교에서 임기가 없는 조교수(현재의 대학교원 직계에서 준교수)였기 때문에 캘리포니아 대학교 버클리 캠퍼스의 테뉴어 정교수 제안을 수락했습니다. 미국의 대학은 가을에 신학기가 시작하기 때문에 1994년 9월에 부임할 예정이었습니다.

그런데 생각지도 못한 일이 발생했습니다. 인터넷 보급이 시작되고 '닷컴 버블dot-com bubble'이 발발한 것입니다. 실리콘밸리의 IT 기업이 인도 등에서 대량의 이공계 인재를 고용했기 때문에 미국 비자를 받기가 어려워졌고 그 여파로 비자 발급도 연기되었습니다.

비자가 없으면 미국 교수직을 얻을 수가 없습니다. '어떻게 해야 하나?'하며 조바심이 생겼지만 이것은 내가 해결할 수 있는 문제가 아니었습니다. 마침 파리 제6대학(2018년부터는 소르본 대학교의 일부)에서 객원 교수로 오라는 제안이 와서 가을 학기에 버클리에 가는 것을 포기하고 파리로 향했습니다.

파리 제6대학은 센강 위에 위치한 생루이섬에 있는 아파트를 제공했습니다. 입구에 "마리 퀴리가 1912년부터 1934년까지 살았다"라는 명판이 걸려 있는 역사적 건물이었습니다.

파리에 머무르는 동안에는 데카르트 철학이 프랑스 문화에 미친 영향을 실감한 일이 몇 번 있었습니다. 내가 대학에서 연구를 하고 있는 동안 아내는 리츠호텔의 요리학교에 매일 아침 9시부터 저녁 5시까지 다녔습니다. 졸업 시험에서 학생이 조리한 것을 셰프가 평가하는데 어쩌다 나도 거기에 참석하게 되었습니다. 모두가 무사히 합격을 하고 와인 잔을 든 채로 즐겁게 이야기를 나누었습니다. 셰프가 프랑스 요리의 특징에 대해서 이야기하면서 "우리 프랑스 사람들은 '데카르트주의자'입니다"라고 했습니다. 요리에 대한 이야기를 하는데 데카르트가 등장할 것이라고는 생각하지 못했습니다.

철학에서 데카르트주의는 '정신과 물질이 독립된 존재라고 주장하는 이원론'을 가리킵니다. 셰프는 《방법서설》에 기술된 이성을 사용하는 방법에 대해서 말했습니다. 프랑스 요리에서는 재료를 하나하나 꼼꼼히 나누어서 각각의 성질을 음미하고 이것을 올바른 순서대로 요리하는 것이 중요한데, 이것이 '분석'과 '종합'을 통해 진리를 탐구하는 데카르트의 '방법'을 따른 것이라고 했습니다.

프랑스 사람은 데카르트를 배출한 나라라는 것에 자부심을 가지고 그의 사상을 보편적으로 널리 받아들이고 있는 것 같았습니다. 프랑스에서는 수학을 못하면 훌륭한 사람이 될 수 없다고 말합니다. 이 또한 데카르트의 영향이 크다고 봅니다.

초끈이론의 두 번째 혁명

가을이 끝날 무렵 드디어 비자 허가가 나서 파리의 미국 대사관에서 비자를 받고 미국으로 이동했습니다. 버클리 캠퍼스에서는 내가 도쿄 대학교에서 조수일 때 대학원생이었던 무라야마 히토시村山斉 박사를 만났습니다. 무라야마 박사는 박사후 연구원으로 버클리에 와 있었습니다.

시카고 대학교에서 실패한 경험이 있는 나에게 버클리는 권토중래捲土重來의 장이었습니다. 준비가 부족했던 시카고에서의 나를 반성하고 철저한 계획을 세워 연구 팀을 구축하고 후진 양성에도 힘을 기울였습니다.

버클리 캠퍼스에 부임한 직후 초끈이론 분야에서 큰 발전이 있었습니다. 1995년 3월 14일, 서던캘리포니아 대학교에서 열린 초끈이론 국제 회의에서 고등연구소의 위튼 교수가 '초끈이론의 쌍대성'이라는 성대한 연구 프로그램을 발표한 것입니다.

위튼 교수의 강연은 우리 전문가들도 기겁할 정도의 내용이었습니다. 한마디로 설명하면 이제까지 초끈이론에는 몇 개의 버전이 있다고 생각했는데 이것은 모두 하나의 이론에서 다양한 모양으로 나타난 것이라는 내용이었습니다. 자세한 내용은 필자의 저서 《중력 우주를 지배하는 힘》과 《오구리 선생님의 초끈이론 입문 大栗先生の超弦理論入門》에 서술되어 있으니 관심이 있다면 읽어보시기 바랍니다.

위튼 교수의 '쌍대성 프로그램'은 초끈이론 연구의 방향을 크게 바꾸었습니다. 이제까지 초끈이론에서 어떻게 접근해야 할지 몰랐던 문제, 예를 들어 블랙홀에 대한 신비한 수수께끼 등을 차례차례 해결할 수 있게 되었습니다. 내가 대학원에 입학한 1984년에 일어난 초끈이론의 폭발적 진보를 '초끈이론 혁명'이라고 합니다. 1995년 위튼 교수의 강연에서 일어난 새로운 진전은 이에 필적한 것으로 '제2의 초끈이론 혁명'이라고 불립니다. 두 번째 혁명으로 나의 연구에도 큰 변화가 있었습니다. 이것은 내 논문이 인용되는 횟수에도 영향을 미쳤습니다.

캘리포니아 공과대학교로

나는 버클리 캠퍼스에서 6년간 일을 한 다음 지금의 근무처인 캘리포니아 공과대학교로 옮겼습니다. 그 계기는 안식년 sabbatical이었습니다.

미국 대학에서는 교수가 6년간 근무를 하면 7년째 되는 해에는 안식년을 쓸 수 있는 제도가 있습니다. 안식년의 어원은 히브리어 '안식일shabbat'이라는 단어입니다. 성경의 《출애굽기》에서 7일째는 신이 정한 신성한 휴식의 날입니다. 대학에서도 7년째는 재충전을 해야 한다는 제도가 안식년입니다. 안식년이라고 해서 단순히 쉬는 것은 아닙니다. 대부분의 교수들은 다른 대학의 객원 교수로 가서 자신의 연구에 전념합니다. 평상시의 직장에서 벗어나 연구의 새로운 경지를 찾으려는 것입니다. 나는 1년 먼저 안식년을 받아 1999년 가을부터 1년간 캘리포니아 공과대학교에 머물렀습니다.

1년이 지나자 학부장이 안식년이 어땠냐고 물어와서 너무 좋아서 더 있고 싶을 정도라고 했더니 그렇다면 계속 쭉 있는 것은 어떻겠냐고 했습니다. 타 대학의 교수를 데리고 오기 위해서 먼저 안식년에 초빙해서 권유한다는 것을 나중에야 알았습니다. 캘리포니아 공과대학교에서 나를 안식년에 초빙한 것은 바로 그 때문이었던 것입니다.

캘리포니아 공과대학교로 자리를 옮긴 것은 버클리 캠퍼스와 비교해서 작은 규모이고 딱딱하지 않아 융통성이 있는 분위기였기 때문입니다. 버클리 캠퍼스는 큰 규모의 주립대학교라서 학부생 2만 5000명에 교수는 1600명입니다. 이에 비해 사립 캘리포니아 공과대학교는 학부생이 950명, 교수가 300명으로 학생 수만 보면 일본의 큰 고등학교 정도의 규모입니다. 그러나 대학교 전체의 예산은 버클리 캠퍼스와 크게 다르지 않아서 한 사람이 사용할 수 있는 예산이 캘리포니아 공과대학교가 더 큽니다. 이 때문에 교수의 재량도 더 커질 수밖에 없습니다.

위험이 있어도 과감히 투자하는 것이 캘리포니아 공과대학교의 특징입니다. 예를 들면 중력파의 직접 검출에 성공해서 노벨 물리학상을 수상한 레이저 간섭계 중력파 관측소Laser Interferometer Gravitational-Wave Observatory, LIGO라는 관측 시설이 그렇습니다. 내가 자리를 옮겼던 당시에는 LIGO 건설이 시작되고 20년이 지나 있었습니다. 시간과 비용이 많이 드는 큰 프로젝트여서 대학의 기둥이 흔들릴 정도의 투자를 했는데 오랜 노력이 결실을 맺어 정말 다행이라고 생각합니다.

캘리포니아 공과대학교의 창립자 조지 헤일George Hale은 원래 태양을 연구하는 천문학자인데 윌슨산에 천문대를 건설하기 위해서 패서디나로 왔습니다. 훗날 윌슨산천문대의 허블이 우주의 팽창을 발견합니다. 이후 헤일은 천문대 인근에서 연구할 수 있는 대학이 필요하다고 생각하여 당시 패서디나에 있는 작은 공과대학을 크게 개조해서 지금의 캘리포니아 공과대학교로 키웠습니다.

헤일의 업적은 이것만이 아닙니다. 이 이야기는《팔로마의 거대 망원경The Glass Giant of Palomar》에도 잘 그려져 있습니다. 이 망원경은 그 후 반세기에 걸쳐 수많은 위대한 발견으로 이어졌고, 세계 천문학을 이끌었습니다. 캘리포니아 공과대학교는 이런 헤일의 유전자를 계승해서 직접적으로 중력파를 검출하는 큰 업적을 이뤘습니다.

12년간 생각한 것이 성과를 내다

캘리포니아 공과대학교로 옮기고 난 뒤 내 연구에도 새로운 진전이 있었습니다.

1992년 가을부터 1년간 하버드 대학교에 머물면서 완성한 BCOV 이론은 그 후 10년 사이에 대수 기하학과 조합 기하학에서 매듭 위상기하학에 이르는 수학의 폭넓은 분야에서 응용되었습니다. 나도 버클리 캠퍼스에서 캘리포니아 공과대학교로 옮겼을 당시는 이런 수학적 연구를 하고 있었습니다. 나는 푸앵카레의《과학과 방법》에 영향을 받고 물리학의 중요한 문제에 자극을 받아 얻은 엄밀한 결과에는 생각지도 못한 응용이 있다는 믿음을 가지고 연구에 임하고 있습니다. 수학 분야에서 BCOV 이론이 널리 활약하고 있는 것이 이를 증명하고 있는 것 같아서 기뻤습니다.

그러나 초끈이론의 숙원은 중력과 양자역학의 통합입니다. 그러므로 BCOV 이론을 중력에 관한 문제에도 본격적으로 적용해야 한다고 생각하고 있었습니다.

나는 계속해서 중력에서 BCOV 이론을 적용하는 것에 대해 생각하고 있었습니다. 그리고 BCOV 이론 완성 후 12년이 지나 하버드 대학교의 앤드루 스트로민저Andrew Strominger 교수와 배파 교수와의 공동 연구에서 이 이론이 블랙홀의 양자 상태를 설명하는 데 사용될 수 있다는 것을 발견했습니다.

블랙홀은 아인슈타인의 일반상대성이론의 중요한 예측으로 그 양자 상태를 설명하는 것은 중력과 양자역학의 통합을 목표로 하는 초끈이론의 핵심 문제입니다. 거기서 BCOV 이론의 응용이 발견된 것입니다.

우리들의 성과는 수학과 물리학 두 분야에서 널리 인정을 받았습니다. 먼저 미국의 수학협회가 수학과 물리학에 관한 업적을 널리 알리기 위해서 설립한 아이젠버드상 1회 수상자가 되었습니다. 또한 일본에서는 교토 대학교의 대학원에서 '장의 양자론' 강의를 한 구고 다이치로 교수와 후쿠기타 마사타카 교수, 도쿄 대학교에서 도움을 준 에구치 도오루 교수 등 존경하는 선생님들이 수상한 니시나 기념상을 수상했습니다. 시상식에는 노벨상을 수상한 고시바 마사토시 교수, 고바야시 마코토 교수, 마스카와 도시히데 교수가 참석했고 시카고 대학교의 난부 요이치로 교수에게 축하 편지를 받아서 감격했습니다.

대학 운영에 참여하다

연구 쪽에서 큰 성과를 올리면서 캘리포니아 공과대학교에
서는 대학 운영에도 참여했습니다.

대학에서 교수 후보를 추천하는 교수 인사 위원회에 17년
간 참여했는데 그중 3년 동안 위원장을 맡았습니다. 인사 위원
장이었을 때 성과 중 하나는 물성 물리학과의 교수진을 강화한
것입니다.

소립자, 우주, 물성이 물리학의 세 가지가 주요 분야입니다.
그러나 당시 캘리포니아 공과대학교에서는 물성 물리학 연구
가 거의 이루어지지 않고 있었습니다. 이것은 대학에 큰 영향
력을 가진 머리 겔만 교수의 '마이너스 유산'이라고 일컬어지
고 있습니다. 겔만 교수는 무슨 이유인지 물성 물리학을 싫어
했습니다. 그러나 물성 분야의 연구를 하지 않는 것은 균형이
깨지는 일입니다. 이 때문에 나는 인사 위원장의 자리에서 이
분야를 강화했습니다. 그 결과 현재 물성과 양자 물리학에서
캘리포니아 공과대학교가 세계 유수의 연구 거점으로 성장했
습니다.

장기 전략계획 위원회의 위원도 역임하여 이학부의 10년에
걸친 계획을 세우는 일에도 참여했습니다. 위원회는 교수 부
임 직후부터 떠밀리다시피 맡게 되었는데 처음부터 중요한 위
원회에 참가하게 하여 대학 운영을 배우게 하려는 학부장의 배
려였다고 생각합니다. 그 10년 후에도 장기 계획을 세우는 일

에 참여했는데 그때는 위원장을 맡았습니다. 이학부의 모든 분야의 동향을 조사하고 이후 10년의 계획을 세우는 일은 참으로 좋은 경험이었습니다.

2018년 도쿄 대학교의 카블리 수학물리연계 우주연구기구의 기구장이 되었을 때, 바로 장기 계획을 위한 위원회를 만든 것은 이런 경험이 있었기 때문입니다.

이와 동시에 2010년부터 5년간 이학부의 부학부장을 역임했습니다. 매주 학부장과 만나서 학부의 운영에 관해서 이야기하면서 대학 구조에 대해서 자세하게 알게 되었습니다.

언어의 힘을 철저하게 키우는 미국 교육

미국에서 대학 운영에 관여하면서 느낀 것은 언어의 소중함입니다. 조직을 움직일 때 일본에서는 인맥이나 사전 교섭 등이 중요합니다. 물론 이것은 미국에서도 도움이 되지만 그보다 더 중요한 것은 언어의 힘입니다. 말이나 문장으로 사람을 설득할 수 없으면 조직은 움직이지 않습니다.

물론 일본에도 언어를 중요하게 여기는 멋진 문화가 있습니다. 예로부터 '말'에는 신비한 힘이 있다고 믿어왔습니다. 일본 최초의 칙찬勅撰 시가집 《고킨와카슈》의 서문에는 "힘을 쓰지 않고도 천지를 움직이고 남녀 사이를 좋게 하며 용맹한 무사의 마음도 부드럽게 만드는 것이 시가다"라고 써 있습니다. 몇천

년 동안 같은 풍토와 문화를 공유하는 일본인은 서정적인 표현에 능숙합니다. 그러나 다른 문화를 가진 사람들을 움직이는 힘을 기르지는 못했습니다. 일본어도 잘 쓰면 논리적으로 설득력이 있는 표현이 가능한데, 그 기능을 발휘하지 못하는 것은 교육의 문제라고 생각합니다.

다양한 문화와 교류해야 하는 유럽과 미국에서는 언어의 힘을 발휘할 수 있는 방법을 배웁니다. 나의 딸은 미국에서 태어나고 자랐기 때문에 유치원에서 대학까지 미국 교육을 받았습니다. 미국 교육에서 인상적이었던 점은 언어의 힘을 중시한다는 것입니다. 유럽과 미국 교육 제도의 근간에 있는 리버럴 아츠 7과목 중 '논리·문법·수사' 세 가지는 모두 언어의 힘을 키우기 위한 것입니다.

미국에서는 영어의 문장을 많이 읽고 쓰게 합니다. 영어에는 한자와 같이 어려운 글자가 없기 때문에 어디까지 이해했는지는 둘째 치고 읽는 속도가 상당히 빠릅니다. 그래서 쓰는 분량도 읽는 분량도 많습니다. 이것은 미국과 일본의 신문의 두께 차이를 봐도 알 수 있습니다. 《뉴욕 타임스The New York Times》 일요판은 200쪽 이상입니다.

대학 운영에 관여하면서 동료의 작문 능력에 감탄한 일이 몇 번 있었는데 미국의 교육을 경험하고 그 이유를 알았습니다. 초등학교 저학년 때부터 실천적 작문 기술을 육성하고, 어떤 상황에서도 문장을 쓰게 합니다. 어느 날 딸이 집에서 연애편지 같은 것을 쓰고 있어서 무엇을 쓰고 있냐고 물었더니, 이것도 학교의 숙제라고 했습니다. 정말 숙제였는지 아니면 좋아하는 사람에게 쓰는 연애편지였는지는 지금도 잘 모르겠습니다.

최근 일본에서도 국어 시간에 어떤 능력을 키워야 하는가에 대한 논의가 이루어지고 있습니다. 인공지능을 가진 로봇인 '도로봇쿤東ロボくん'의 개발자로 알려진 수리 논리학자 아라이 노리코新井紀子 교수는《대학에 가는 AI vs 교과서를 못 읽는 아이들》에서 전국 50만 명의 대학 수험생 80퍼센트가 로봇보다 국어 독해력이 떨어진다고 지적합니다. 자신의 트위터에서도 "지리나 간단한 산수 지문도 읽지 못해 스스로 서술식 문제를 채점할 수 없는 학생"이라고 말하며 위기감을 표하고 "초·중·고등학교 국어 시간의 절반은 그 이외의 교과서를 일본어로 쓰여진 소재로 독해하는 것으로 충당해도 좋을 것 같다"라고 제안했습니다.

이런 논의가 2022년도부터 시행되는 고등학생 신학기 국어 지도 요령에도 반영되었습니다. 이에 반해 일본 문예가 협회는 실학이 중시되고 소설이 경시되어 근대 문학을 다루는 시간이 줄어들고 있다는 우려의 목소리를 내고 있습니다.

나는 일본 문예가 협회 회원이기도 해서 협회가 위기감을 가지는 이유를 잘 압니다. 그러나 미국 교육을 보면 실천적인 문장력의 육성과 문학 작품 감상은 양자택일의 문제가 아닙니다. 국어 시간 안에서 시간을 나누는 것이 아니라, 초·중·고의 교육에서 어느 과목에 어느 정도의 시간과 자원을 할애할 것인지에 대해 종합적으로 논의할 필요가 있다고 생각합니다.

미국에서는 학교에서 '토론'을 야구나 축구 등의 스포츠와 같이 다루고 있어서 놀랐습니다. 토론 두 달 전에 '연방 대법관의 임기가 정해져 있어야 할까?' '해외 입양은 득보다 실이 많을까?' '연방정부는 태양광 발전을 재정적으로 장려해야 할까?' 등의 주제를 제시하고, 학생들은 준비를 시작합니다. 찬반 어느 입장에서 주장을 해야 하는지는 토론 20분 전에 알 수 있습니다. 어느 입장이든 토론을 할 수 있도록 준비를 해야 합니다. 문제를 다양한 측면에서 생각하는 훈련이 되기도 합니다.

어릴 때부터 이런 훈련을 하니 미국에는 달변가가 많을 수밖에 없습니다. 미국에서는 언어의 힘을 다양한 방법으로 키우고 있다는 것을 실감했습니다.

지원자 평가를 위해 아끼지 않는 에너지

일본 교육 제도에 참고가 될 만한 미국에서의 경험이 하나 더 있습니다. 나는 캘리포니아 공과대학교 입학 사정관으로 3년간 일하면서 미국과 일본의 입시 차이를 실감했습니다.

20세기 초반까지 미국의 대학교는 일본의 많은 대학교와 마찬가지로 필기시험 점수로 합격자를 정했습니다. 여기에 '인성에 따른 합격 여부'라는 주관적 판단 항목이 포함된 때는 1920년경입니다. 교육에 대한 열의가 많은 유태인 자제가 유명 대학에 다수 합격하게 되자 객관적인 필기시험 점수 이외의 판단 항목을 더해서 입학 학생의 수를 자의적으로 제한했습니다. 미국에서 인성 평가가 시작된 것은 유태인을 차별하기 위해 시작됐다고 볼 수 있습니다. 미국 대학 입시의 차별 문제에 대해서는 사회학자 제롬 카라벨Jerome Karabel의《누가 선발되는가?》에서 자세하게 서술하고 있으니 참고하기를 바랍니다.

이것뿐만 아니라 많은 돈을 기부할 능력이 있는 자산가나 졸업생의 자제를 입시에서 우대하는 일도 미국의 많은 대학에서 공공연히 이루어지고 있습니다. 하지만 내가 있는 캘리포니아 공과대학교에서는 이런 일이 없어서 학교 이사의 자녀라고 해도 특별 대우를 하지 않습니다.

설명할 책임을 요구하지 않아도 되는 객관적 기준에 따른 입시 제도는 대학 운영에 좋은 것 같습니다. 일본에서도 '인성에 따른 합격 여부'를 도입해야 한다는 의견이 있습니다. 그러나 미국의 사례에서 살펴보았듯이 이와 관련하여 어두운 측면도 있다는 것을 염두에 둬야 합니다.

캘리포니아 공과대학교 입시에는 240명 정원에 약 1만 명이 응모합니다. 입학 사정관이 이 중에서 2000명을 추립니다. 이어 입학 사정관 교수와 전문 직원이 협력해서 2000명 중 240명을 선발합니다.

나에게 전달된 지원자 파일에는 필기시험 점수, 고등학교 성적표, 지원서, 에세이와 교외 활동의 기록 등이 들어 있습니다. 전문 직원의 의견서도 첨부되어 있는데 의견서는 될 수 있으면 개인적인 평가가 끝난 다음 보려고 합니다.

자세히 서류를 검토하는 데 한 사람당 약 30분이 소요됩니다. 보통 100건 정도의 서류를 검토하니 약 50시간이 필요합니다.

초등학생일 때 어머니가 암에 걸려서 생리학의 길을 가기 위해 고등학생임에도 불구하고 대학병원의 최신 연구에 참여한 경험이 있는 지원자가 있었습니다. 실험 결과가 예상대로 나오지 않았을 때 연구 지도자가 대응하는 모습을 보고 생각하지도 못한 결과가 중요할 수 있다는 것을 배웠다고 합니다.

또 다른 지원자는 시골 학교의 학생이 있었습니다. 성적표나 추천서를 보면 뛰어난 수재였습니다. 그러나 재능에 맞는 교육을 제대로 받지 못했고 교외 활동도 치어리더밖에 없었습니다. 재능을 키울 수 있는 기회를 주고 싶었지만 캘리포니아 공과대학교의 구성원으로서 연구 및 교육 환경을 발전시킬 준비가 되어 있는지 의심됐습니다.

지원 서류를 천천히 읽다 보면 수험생 한 사람 한 사람의 일생이 컴퓨터 화면 밖으로 떠오르는 것 같습니다.

내 기준에 따라 합격 여부를 결정한 후 전문 직원의 의견서를 열어보면 고교 성적표의 분석이나 교외 활동에 대한 평가가 자세하게 기술되어 있습니다. 추천서나 에세이를 읽는 데에도 역시 전문가만이 볼 수 있는 관점이 있다는 것을 느꼈습니다. 예를 들면 '윤리적 갈등'을 주제로 하는 에세이에서 지원자의 인격과 판단력을 평가합니다. "왜 캘리포니아 공과대학교인가?"에 대한 답을 통해 자신의 목표를 어느 정도 구체적으로 설득력 있게 말할 수 있는가를 봅니다. 인터넷 검색 등으로 모은 얄팍한 지식을 가지고 작성한 문장은 경험이 많은 전문 직원에게 바로 탄로가 납니다.

의견서를 보고 다시 한번 고민한 후 합격 판정과 그 이유를 적어서 입시 사무국에 보냅니다. 교수와 전문 직원의 합의가 있으면 바로 통과됩니다. 통과되지 않는 경우는 교수와 전문 직원이 회의를 통해 논의합니다.

입학 사정관으로 일하면서 캘리포니아 공과대학교에 우수한 인재가 많은 것은 이렇게 많은 에너지를 쓰면서 수험생 한 사람 한 사람을 면밀히 평가하고 있기 때문에 가능하다는 것을 실감했습니다.

미국 대학 입시는 성적 외에도 다양성을 중시합니다. 이는 모든 사람에게 기회를 줘야 한다는 정의의 문제인 동시에 인종, 성별, 국적, 성장 과정 등 다양한 배경을 가진 사람들과의 교류가 학생의 식견을 넓히고 대학에서의 경험을 풍부하게 하여 교육 효과를 높인다고 생각하기 때문입니다. 지원을 많이 하는 중국이나 한국 학생에 비해서 일본 학생의 수는 극히 적습니다. 다양성을 중시한다는 면에서 보면 일본 수험생이 유리한 조건입니다. 입학 사정관으로 있을 때 관련 담당자에게 "어떻게 하면 일본인 지원자를 늘릴 수 있을까요?"라고 상담을 한 적도 있습니다. 대학 입시를 준비하는 학생은 미국 대학 입시에도 도전해보기 바랍니다.

33억 엔의 연구 자금 조달에 성공하다

캘리포니아 공과대학교의 운영에 관한 일 중에서 가장 기억에 남는 것은 이론 물리학 연구소를 설립한 것입니다. 당시 연구소 설립을 하기에는 자금이 부족했습니다.

버클리 캠퍼스에서 캘리포니아 공과대학교로 자리를 옮길 때 초끈이론 분야의 박사후연구원은 적어도 4명을 유지하겠다는 약속을 받았습니다. 한 사람의 박사후연구원을 1년간 고용하기 위해서는 약 8만 달러가 필요하니 박사후연구원 4명이면 매년 32만 달러의 연구 자금이 필요합니다. 대학 입장에서는 상당히 어려운 약속이었다고 생각합니다. 그러나 이것이 나의 이직 조건 중 하나였습니다. 나는 캘리포니아 공과대학교로 자리를 옮긴 지 이제 20년이 됩니다. 매년 이 약속을 지켜주었으니 이제까지 모두 640만 달러(약 7억 엔)의 연구비를 받은 셈입니다.

내가 이런 약속을 받을 수 있었던 것은 때마침 대학이 이론 물리학을 위해서 1500만 달러의 박사후연구원 기금을 설립했기 때문입니다. 기금을 주식 투자 등으로 운용해서 연간 5퍼센트 정도의 수입이 생기면 매년 75만 달러의 돈을 쓸 수 있습니다. 이 절반을 초끈이론 분야에 배분하면 약속을 지킬 수 있다는 계산이 나옵니다.

앞에서 기술한 바와 같이 나는 캘리포니아 공과대학교에서 교수 인사 위원장을 맡아 물성 물리학 분야를 강화했습니다. 당연히 이 분야에도 박사후연구원이 필요했기 때문에 박사후연구원 기금이 부족하게 됐습니다. 물론 대학 측에 연구비 지원을 약속 받았기 때문에 그리 걱정할 일은 아니었지만, 이론 물리학 가운데 초끈이론 분야만 특별히 박사후연구원을 배정받는 것이 그리 좋아 보이지 않았습니다. 그래서 교무 처장 provost과 면담할 때마다 이론 물리학 전체의 박사후연구원 기금을 늘려달라고 호소했습니다.

미국 대학에는 학장 외에 교무 처장이라는 직함을 가진 사람이 있어 교수의 대우와 연구 자금 등에 관여합니다. 이 명칭은 기독교 교회의 수석 사제나 대성당의 주임 사제 등 고위 책임자를 뜻하는 말이었습니다. 본래 대학이란 교회나 수도원의 부속 학교에서 비롯된 것이라 유럽과 미국의 대학에는 기독교 교회의 직함이 아직도 남아 있습니다. 캘리포니아 공과대학교에는 교수가 300명 정도밖에 없기 때문에 교무 처장이 교수 한 사람, 한 사람을 매년 한 번은 만나서 면담을 합니다. 대학 재정을 지휘하는 위치에 있기 때문에 기회를 놓쳐서는 안 됩니다. 면담을 할 때마다 "대학이 약속을 지킬 수 있도록 돕겠다"라고 말하면서 기금 증액을 요청했습니다.

매년 같은 요청을 했더니 대학과 오래전부터 인연이 있는 페어차일드Fairchild 재단과의 상담을 허락해주었습니다. 이런 자금 조달은 교수가 마음대로 해서는 안 되는 일입니다. 혹여나 대학의 재정 전략에 상충하는 일이 발생해서는 안 되기 때문입니다.

재단의 사무실은 워싱턴 D.C.의 교외에 있었습니다. 특별히 다른 볼 일 없이 캘리포니아에서 찾아왔다고 하면 노골적인 기부 요청으로 여길 것이라는 조언을 듣고 프린스턴 대학교 세미나에 참석할 일정을 짜고 "동해안에 왔으니 인사차 들리고 싶습니다"라고 하면서 연락을 했습니다. 이렇게 해서 재단의 이사장을 만나서 캘리포니아 공과대학교의 이론 물리학이 얼마나 훌륭한지를 설명했습니다.

이사장의 권유로 월터 버크 초대 이사장이 머물고 있는 코네티컷의 고급 주택가를 찾아갔습니다. 월터 버크 초대 이사장은 감염성 인자 '프리온'을 발견해서 노벨 생리학·의학상을 수상한 스탠리 벤저민 프루지너Stanley Benjamin Prusiner의 연구를 일찍이 지원한 것을 자랑스럽게 생각하고 있었습니다. 캘리포니아 공과대학교와 인연을 맺은 것도 월터 버크 전 이사장이었습니다. 그는 LIGO 연구도 지원했는데, 이 연구는 중력파를 직접 관측한 것으로 노벨 물리학상을 수상했습니다. 월터 버크 전 이사장은 나의 이론 물리학에 관한 계획을 듣고 "해결해야 할 일이 있으면 위험을 감수하고 투자하는 것에 주저하지 않아야죠"라고 말씀해주셨습니다.

여기에 용기를 얻어서 페어차일드 재단 이사회를 캘리포니아 공과대학교로 초대했더니 교무 처장이 재단 이사장에게 전화를 해주었습니다. 이사장이 "1000만 달러를 지원합시다"라고 제안하니 교무 처장이 "사실 무어 재단이 2 대 1 매칭을 해주는 겁니다"라고 말했다고 합니다. 그러자 "그럼 2000만 달러를 투자합시다"라며 단숨에 기부금액이 배로 불어났습니다.

2 대 1 매칭이란 예를 들어 대학이 다른 재단에서 투자 금액으로 2000만 달러를 받아오면 무어 재단이 여기에 1000만 달러를 더해주는 마치 요술 방망이 같은 인센티브입니다. 이이야기에 재단 이사장이 응해준 덕분에 도합 3000만 달러(약 33억 엔)의 자금이 모였습니다. 무어 재단에서 받은 자금을 어떻게 사용할 것인지는 교무 처장의 재량에 맡겨집니다. 여하튼 우리의 모금에 도움을 준 교무 처장에게 진심으로 고마웠습니다. 어쩌면 매년 면담 때마다 박사후연구원 기금을 늘려달라고한 게 좀 지겨웠는지도 모릅니다.

이제까지 1500만 달러와 합해서 모두 4500만 달러의 기금이 모였습니다. 그 결과 금액의 5퍼센트에 해당하는 225만 달러(약 2억 5000만 엔)의 연구비가 매년 자동적으로 들어옵니다. 이 정도의 연구비를 제대로 관리하기 위해 연구소 체계를 재정비했고 페어차일드 재단 초대 이사장의 이름을 딴 '월터 버크 이론 물리학 연구소'를 설립했습니다. 기금을 모은 사람이 책임을 져야 한다고 해서 초대 소장을 맡게 되었습니다.

연구소 설립 기념 심포지움에서 축하 파티가 끝날 무렵 한 교수가 자리에서 일어났습니다. 무슨 일인가 했더니 이론 물리학 교수진을 대표해서 나에게 감사의 뜻을 전한다면서 기념품을 주었습니다. 17세기 네덜란드의 저명한 지도 제작자 요하네스 얀소니우스Johannes Janssonius가 만든 일본전도였습니다. 나는 유럽 고지도를 수집했지만 일본전도는 가지고 있지 않았습니다. 그들의 마음에 감격했습니다.

앞에서 '연간 운용 기금의 5퍼센트'라고 했는데 이 5퍼센트라는 숫자가 어디서 나왔는지도 설명하겠습니다. 미국의 연구대학에는 '기부금endowment'이라는 거액의 기금을 가지고 있는 곳이 많아 이것을 운용하기 위해서 펀드 매니저를 고용하고 있습니다. 이를테면 하버드 대학교는 400억 달러(약 4조 4000억엔)의 기금을 가지고 있는데 이것을 운용하는 매니저의 성공 보수도 상당히 커서 월스트리트 최고 수준의 인재를 고용할 수 있습니다.

내가 있는 이론 물리학 연구소의 기금은 하버드 기금의 900분의 1 정도라서 독자적으로 우수한 펀드 매니저를 고용할 수는 없습니다. 이 때문에 캘리포니아 공과대학교 전체의 기금에 편성하여 대학의 매니저가 운용합니다. 연구비를 모두 쓰지 못했을 경우에는 연구소 소장의 재량으로 학교 기금으로 운용해 달라고 할 수도 있습니다. 마치 대학의 주식을 사는 것과 같습니다.

다양한 금융 상품에 투자하기 때문에 운용의 이익은 매년 변하기 마련입니다. 하지만 연구 및 교육 예산이 매년 크게 바뀌는 것은 좋지 않은 일이라 몇 년간의 평균치를 사용하는 것이 보통입니다. '5퍼센트'라는 숫자는 최근 반세기 정도의 데이터에 근거해 계산된 숫자입니다. 그 정도의 기금이라면 경비나 펀드 매니저의 보수를 빼더라도 본래의 가치를 유지할 수 있는 기준입니다.

기적의 연구소, 아스펜 물리학센터

2년 후 나는 대학 밖에서도 아주 중요한 한 연구소의 총재가 되었습니다. 그 존재를 알게 된 건 내가 대학원생이었던 1984년입니다. 그곳은 '초끈이론의 혁명'의 시작이 된 아스펜 물리학센터입니다.

대학원생 때는 미국 '콜로라도주 산속에 있는 연구소'라고 들었지만 이것이 어떤 곳인지 전혀 몰랐습니다. 처음으로 아스펜 물리학센터를 방문한 것은 그로부터 5년 후 시카고 대학교의 조교수로 부임하기 전의 여름 방학이었습니다. 시카고에 아파트를 구하고 나서 차를 타고 이틀에 걸쳐 아스펜으로 갔습니다. 첫날은 고속도로를 타고 끝없이 이어지는 옥수수 밭을 바라보면서 서쪽으로 향했습니다. 다음 날 덴버 부근에 오니 그때까지 평지였던 대지의 끝에 로키산맥이 보였습니다. 계곡 사이의 고속도로를 몇 시간 더 달려서 아스펜에 도착했습니다.

아스펜은 원래 은광촌이었는데 미국이 금 본위 제도로 바뀌면서 쇠퇴했습니다. 그러나 20세기에 스키장이 개발되면서 미국 유수의 휴양지로 되살아났습니다. 전 세계의 정치·사상·비즈니스의 리더들을 모아서 사회와 문화 등 여러 문제를 이야기하는 아스펜 연구소가 설립되었고 여름에는 아스펜 음악제, 음악 학교가 열리는 등 문화적으로도 많은 프로그램을 실시하고 있었습니다.

아스펜 물리학센터는 아름다운 나무들에 둘러싸인 2만 평방미터의 부지 안에 있습니다. 강당과 연구실이 있는 건물 외에도 공원처럼 정비된 부지 안에는 테이블과 벤치가 있어서 야외에서도 토론이 가능합니다. 처음 방문했을 때 정식 프로그램은 일주일에 이틀뿐이었고 나머지 시간은 자유롭게 연구하면 된다고 해서 당황했습니다. 차분한 환경 속에서 시간의 구애를 받지 않고 사색과 논의에 몰두하다 보면 일상에서와는 다른 새로운 발상이 떠오릅니다.

이 센터가 개설된 건 1962년으로 나와 나이가 같습니다. 당시 아직 30대였던 세 명의 물리학자가 여름 방학에 콜로라도의 산속에 연구자들을 모아서 자유로운 분위기에서 토론할 수 있는 환경을 만들자고 한 것이 그 시작이었습니다. 어느 곳에도 소속되지 않고 상근하는 직원은 2명뿐이었습니다. 그 외에는 물리학자 자원봉사로 운영됩니다. 이런 연구소가 반세기 이상에 걸쳐서 높은 수준으로 활동을 이어온 것은 기적이라고 할 수 있습니다. 물리학자에게 있어서 보물과 같은 곳인데다가 미국 물리학회가 '물리학 유산'을 지정하는 첫해에 이곳을 선정하기도 했습니다.

탄생 후 반세기 동안에는 어려운 일도 있었습니다. 아스펜 물리학센터는 설립 초부터 부지를 빌려 운영되고 있었는데 1980년대 중반 땅 주인의 자금 사정이 어려워져서 부지를 팔려고 내놓은 것입니다. 중동의 오일 머니 투자가를 거느린 팔레스티나계의 미국인 모하메드 하디드Mohamed Hadid와 부동산 투자에서 그의 스승이라고 할 수 있는 도널드 트럼프Donald

Trump가 경합을 했습니다. 결국 하디드가 승리해서 1986년 이 일대의 토지를 매입했습니다. 하디드가 이 일대를 고급 별장지로 개발하려고 했기 때문에 아스펜 물리학센터는 위기를 맞게 되었습니다.

이때 아스펜시가 센터를 지키기 위해서 나서기 시작했습니다. 센터에서 시민을 위한 강연회를 열고 있었기 때문에 '보호해야 할 문화시설'로 그 존재 가치를 인정받은 것입니다. 조례를 개정해서 이 일대를 '경관지구'로 지정했으니 리조트 개발은 불가능하게 되었습니다. 그 결과 아스펜 물리학센터는 고급 별장이 들어설 2만 평방미터의 땅을 20만 달러라는 파격적인 가격으로 구입할 수 있었습니다.

일본에서 나고 자란 사람이 미국 물리학 유산의 총재가 되다

나는 버클리 캠퍼스의 교수가 된 이후 매년 여름을 아스펜에서 보냈습니다. 캘리포니아 공과대학교로 옮기고 물리학센터의 회원으로 선출되어 운영에도 관여했습니다. 2011년에는 이사가 되었고 5년 후에는 총재로 선출되었습니다. 미국 물리학회의 물리학 유산으로 지정된 연구 거점의 총재라는 자리가 일본에서 태어나고 자란 나에게 맡겨졌다는 점에서 미국 과학계의 깊이를 느낄 수 있었습니다. 정식 명칭은 콜로라도주에 등록된 비영리단체의 장이므로 소장이 아니라 총재라고 불립니다.

대학원 1학년 때 마주한 초끈이론의 혁명이 시작된 곳에서 총재 역할을 한다는 것에 감격하면서도 동시에 무거운 책임감을 느꼈습니다.

총재 취임 중에 곤란한 일이 있었습니다. 물리학자들의 자원봉사로 운영되는 아스펜 물리학센터에는 상근 직원이 사무장과 재무 책임자 두 명밖에 없었습니다. 그중 재무 책임자가 취임식 직전에 타계한 것입니다. 이뿐만 아니라 사무장이 25년 근속으로 퇴임하게 되었습니다. 총재가 되자마자 믿음직한 두 직원이 없어진 것입니다. 결국 후임자를 정하는 데 2년이 걸리긴 했지만 우수한 인재를 채용할 수 있었습니다. 인사를 위해서 현지 변호사와 상담할 기회도 있었고 미국 비영리단체의 구조를 공부하기도 했습니다.

총재가 된 후 시행한 것 중 하나는 야외 세미나실 개축입니다. 아름다운 자연 속에서 강연을 듣고 물리학에 대해서 토론할 수 있는 것이 아스펜 물리학센터의 매력 중 하나입니다. 그러나 센터가 세워진 이래 반세기 동안 사용해왔기 때문에 상당히 노후되어 있었습니다.

이사회의 승인을 받고 설계비를 확보하여 야외 세미나실을 바우하우스 양식으로 다시 꾸몄습니다. 바우하우스는 1919년 독일 바이마르에 설립된 조형예술학교의 이름입니다. 센터 최초의 건물이 바우하우스 양식이어서 그 옆의 세미나실도 같은 양식으로 통일했습니다. 마침 바우하우스 창립 100주년을 맞아 세계 각지에서 기획전이 열리고 있었습니다. 그래서 아스펜의 새 야외 세미나실도 《뉴욕 타임스》의 예술란에 소개 기사가 실렸습니다.

아스펜 물리학센터는 여름 프로그램에 600명, 겨울 프로그램에는 400명의 연구자를 선발합니다. 정원의 두 배 정도의 물리학자가 응모하기 때문에 이들을 선발하는 것도 중요한 일이었습니다.

참가자의 질은 성과를 좌우하므로 엄격하게 선발했습니다. 과거의 업적만으로 평가하는 것이 아니라서 학계에서 영향력이 있는 사람이 탈락되는 일도 있습니다. 이런 분들의 고충에 대응하는 것도 총재의 역할이었습니다. 겸손이 내가 총재로 뽑힌 이유일지 모른다는 생각으로 한 사람 한 사람 정중하게 그 이유를 설명하고 이해시킬 수 있도록 노력했습니다.

여름 프로그램 참가자를 선발하고 통보할 일만 남았을 때 생각지도 못한 일이 발생했습니다. 미국 트럼프 대통령의 명령으로 이슬람권 6개국 국민의 미국 입국이 제한된 것입니다. 여름 프로그램에는 이슬람권 참가자도 있었기 때문에 그들이 들어오지 못하게 될 수도 있었습니다.

연구소가 정치적 의견을 내는 일은 적절하지 않습니다. 그러나 연구소 활동에 직접적인 영향을 미치는 일에 대해서는 뭔가 해야 한다고 생각했습니다. 선발 결과를 통지하는 편지에 이슬람권 응모자가 공정하게 선발됐다는 것을 명확히 밝히기 위해서 "선발에 있어서 응모자의 국적은 고려되지 않았다"라고 덧붙였습니다. 또한 입국을 위한 비자를 지원하기 위해서 자금을 준비했습니다.

나는 2019년에 총재직을 퇴임하고 일반 회원이 되었습니다. 앞으로는 회원으로서 다양한 생각을 가진 사람들이 자유롭게 의견을 나누는 장으로 발전할 수 있도록 최선을 다해서 도울 생각입니다.

도쿄 대학교의 연구 거점 구상에 참여

아스펜 물리학센터의 총재를 역임하고 있던 2018년에 일본 도쿄 대학교의 카블리 수학물리연계 우주연구기구의 기구장으로 취임해서 캘리포니아, 콜로라도, 일본 세 곳의 연구 거점의 장을 맡았습니다.

도쿄 대학교의 기구에 관해서는 계획 단계부터 관여했으니 이 이야기부터 하겠습니다.

이 기구 설립에 여러 사람들이 다양한 형태로 공헌했습니다. 나보다 훨씬 중요한 공헌을 한 분들도 있습니다. 나 역시 모르는 일이 많기 때문에 여기에서는 내가 직접 경험한 것과 공식 문서나 메일에 기록이 남아 있는 것에 한해서 말씀드리겠습니다.

앞에서 기술한 바와 같이 미국 대학에는 6년간 근무하면 1년간 안식년을 받을 수 있는 제도가 있습니다. 캘리포니아 공과대학교에서의 생활이 편안해서 그런지 정신을 차려보니 어느새 7년이 지났습니다. 이 시점에서 잠시 쉬는 것이 좋을 것 같아서 2007년 봄학기를 도쿄 대학교에서 보내기로 했습니다. 오랜만에 일본에 머물며 일본 연구자들과의 만남을 가지고 싶었습니다. 마침 딸이 초등학교에 입학할 나이라서 일본의 초등학교를 경험하게 해주고 싶다는 마음도 있었습니다. 그래서 유시마 텐마구 부근에 있는 단기 임대 아파트를 빌려 도쿄 대학교 혼고 캠퍼스로 출퇴근했습니다.

내가 도쿄로 가기 직전 문부 과학성은 '세계 최고 수준의 연구 거점 프로그램'이라는 계획을 발표해 그에 관한 제안을 공모하고 있었습니다. 일본의 과학 중에서 특별히 유망하다고 생각하는 분야에 큰 자금을 투자해서 말 그대로 최고 수준의 연구 거점을 만들려는 의욕적인 계획이었습니다. 예산 규모는 매년 약 14억 엔으로 기간은 10년이었습니다. 그사이에 특별히 성과가 있는 거점에 대해서는 5년을 더 연장할 수 있었습니다.

내가 도쿄에 도착했을 때 도쿄 대학교 안에서 이미 몇 개의 거점이 그 대상으로 떠오르고 있었습니다. 그중 하나는 일본에 수많은 노벨상을 가져다준 소립자 물리학이나 하와이섬 마우나케아산 정상에 있는 스바루 망원경을 이용한 우주 진화의 해명 등 기초과학 프로젝트였습니다. 도쿄 대학교 이학부의 아이하라 히로아키相原博昭 교수와 우주선 연구소의 스즈키 요이치로鈴木洋一郎 소장이 중심이 되어 이 구상을 검토하고 있었습니다.

거기에 수학도 포함시키자는 의견이 있었는데 그 배경에는 일본의 수학 여건에 대한 우려가 있었습니다. 지금까지 일본의 수학은 세계에서도 최고 수준이라고 생각했습니다. 히로나가

헤이스케広中平祐나 모리 시게후미와 같은 필즈상 수상자가 있었고 수많은 유명한 수학자들이 활약하고 있었기 때문입니다. 여기에 돌을 던진 것이 2006년에 발표된 과학 기술 정책 연구소의 보고서 〈잊혀진 과학-수학忘れられた科学-数学〉이었습니다. 수학이 일본의 과학 기술 정책 속에서 '잊혀졌다'는 자극적인 제목입니다.

이 보고서는 일본 수학의 국제적 위상이 현저하게 떨어졌다는 것을 다양한 데이터로 입증했습니다. 그 요인 중 하나는 연구 시간과 연구자 수 등 수학 연구를 둘러싼 상황의 악화였습니다. 또한 유럽과 미국에서는 수학과 타 분야와의 융합 연구가 장려되어 관련 산업에서도 수학 연구자가 활약을 하고 있는 것과 비교해 일본에서는 타 분야와의 융합의 의의나 가능성이 잘 이해받지 못하고 있다는 점을 지적했습니다. 이런 조사를 바탕으로 보고서는 기초적인 수학 연구를 촉진하기 위한 정부의 자금 확충과 더불어 수학과 다른 분야와의 융합 연구를 추진할 수 있는 거점을 구축하자고 제안했습니다.

거점 구상은 내가 참여하기 전의 일이라 자세한 경위는 모릅니다. 당시의 기록을 보니 물리학과 천문학은 역사적으로 수학과 관계가 깊은 분야기 때문에 이 분야의 '세계 최고 수준의 연구 거점'을 지향하기 위해서는 수학과의 연계도 고려해야 한다는 의견이 있었던 것 같습니다. 그런데 당시 이 제안의 중심에 있었던 사람들은 실험 물리학과 천문학과 관련된 사람들이어서 수학과의 연계에 대해서 구체적인 아이디어가 없었습니다.

한편 나는 물리학과 수학의 경계 영역에서 연구를 해왔습니다. 이 경계 영역은 1984년 초끈이론 혁명을 계기로 급속하게 발전했고 현재에도 주요한 분야입니다. 이는 과거 30년 동안 수학의 필즈상 수상자의 약 40퍼센트가 초끈이론에 영향을 받아서 연구를 하고 있다는 것만으로도 알 수 있습니다. 우리가 개발한 BCOV 이론을 바탕으로 수학과의 학제 연구도 활발하게 일어나고 있었습니다. 이뿐만 아니라 학계에서는 2004년 우리 논문을 통해서 이 이론이 블랙홀의 물리에도 응용할 수 있다는 것을 깨닫고 수학과의 융합 연구가 물리학이나 천문학의 보다 넓은 분야로 퍼져나갈 수 있다는 잠재력을 느끼고 있었습니다.

거점 구상에 대한 논의가 진행되고 있을 때 나는 마침 도쿄 대학교 객원 교수로서 여러 곳에서 수학과 물리학의 교류에 대한 이야기를 하고 기사도 쓰고 있었습니다. 그래서 수학과의 연계를 추진하기 위한 거점 구상에 참여해달라는 제안을 받았습니다. 관심이 있는 연구 방향이라서 기쁜 마음으로 참가했습니다.

이에 관한 자세한 경위는 카블리 수학물리연계 우주연구기구의 홍보지 《IPMU 뉴스》 2011년 6월호에 게재된 오카무라 사다노리岡村定矩 교수의 인터뷰 기사에 자세히 기록되어 있습니다. 오카무라 교수는 도쿄 대학교의 이사이자 부학장으로 카블리 수학물리연계 우주연구기구 발족에 전력을 쏟고 있었습니다. 당시 고미야마 히로시小宮山宏 도쿄 대학교 총장의 자서전

〈나의 이력서〉*에도 "이 기구를 제안한 사람은 오카무라 사다노리 부학장이다. 어느 날 오카무라 부학장이 흥분해서 '고미야마 총장님, 좋은 계획이 완성되었습니다'라며 들고 왔다"라고 서술되어 있습니다. 인터뷰 기사에서 오카무라 총장은 다음과 같이 말합니다.

"내용이 자꾸 바뀌어서 어느 시점이었는지는 기억을 하지 못하지만 오구리 히로시 교수가 등장해서 수학을 포함시키자는 거예요. 그때 '전보다 내용이 크게 바뀌어서 관심을 끌 수 있겠다'는 인상을 받았습니다. … 여러 이야기를 듣고 있는 와중에 수학과 천문학, 그리고 물리학을 연결하는 일은 참으로 좋은 일이라고 확신했습니다. … 가장 큰 강점은 보통 사람들이 명확하게 다르다고 생각하고 있는 수학과 물리학, 천문학 분야가 융합되어 있는 것이 확실하게 보이기 시작했다는 것이었죠."

여기서 인터뷰를 진행하던 아이하라 교수도 다음과 같이 말합니다. "다른 분야와의 융합은 좀처럼 구체적인 안이 없어서 고민하고 있었습니다. … 우연히 오구리 선생이 물리학 교실에 와 있었고, 야나기다 쓰토무柳田勉 선생이 … 이 이야기를 꺼냈더니 오구리 선생이 수학과의 융합이 어떻겠냐고 제안했습니다. … 물리와 수학의 융합을 이 프로그램의 핵심으로 하자는 이야기가 구체적으로 진행된 것은 오구리 선생의 제안이 계기

* 일본경제신문 2020년 11월에 연재

238

였다고 생각합니다."

내가 처음으로 이 구상에 대해서 들은 것은 물리학 교실의 야나기다 선생을 통해서였습니다.

'우주의 수학'이란 무엇인가

내가 참여하고 있던 모임에서 캘리포니아 대학교 버클리 캠퍼스의 무라야마 히토시 교수에게 그 거점의 책임자 자리를 맡기자는 이야기가 나왔습니다. 무라야마 교수는 후쿠오카 광산의 가미오칸데 지하 실험의 버클리 팀의 일원으로 참가하고 있었기 때문에 일본 소립자 실험의 연구자들 사이에서도 정평이 나 있었습니다. 물론 나도 그 의견에 찬성이었습니다. 그래서 거점 구상을 주도하고 있던 아이하라 교수와 스즈키 교수가 무라야마 교수를 설득하기 위해 버클리까지 갔습니다. 거점의 수장이 되면 버클리 캠퍼스의 일을 같이 해야 하기 때문에 미국 대학교의 사정을 잘 알고 있던 내가 무라야마 교수에게 전화를 해서 조언을 주었습니다.

무라야마 교수가 제안을 수락하여 본격적으로 신청서를 작성했습니다. 이때 연구 거점의 이름도 생각해야 했는데 무라야마 교수는 '우주 통일상 연구소Institute for Unified Picture of the Universe'라는 이름을 추천했습니다. 참신한 이름이라고 생각했습니다.

한편 수학과의 연계를 좀 더 강조하는 이름이었으면 좋겠다는 의견이 있었습니다. 내가 도쿄 대학교 연구실에서 논문을 읽고 있는데 아이하라 교수가 찾아와서 "어떻게 '수학'을 이름에 넣을 수 없을까요?"라고 물으며 고민했습니다. 그때 생각해낸 것이 Institute for Physics and Mathematics of the Universe라는 이름이었습니다.

이 이름에서 신경이 쓰이는 것이 하나 있었습니다. Physics of the Universe는 '우주 물리학'이라는 뜻으로 영어권에서도 사용하는 제대로 된 표현입니다. 그러나 Mathematics of the Universe는 과연 영어권에서 사용하고 있는 표현인지 확인이 필요했습니다. 국제적인 연구소를 목표로 하는 이상 일본식 영어는 피하고 싶었습니다. 그래서 이런 표현이 사용되고 있는지에 대해 여러 문헌을 찾아보았습니다. 그 결과 옥스퍼드 대학교의 로저 펜로즈Roger Penrose 교수가 영국의 권위 있는 과학지 《네이처Nature》의 기사에서 같은 표현을 사용하고 있다는 것을 발견했습니다. 그의 기사 제목 자체가 'Mathematics of the Universe'였습니다. 펜로즈 교수가 《네이처》의 기사에서 쓸 정도라면 훌륭한 표현임에 틀림이 없습니다.

그래도 의심이 들어서 프린스턴 대학교에 있는 한 선생에게 물었더니 앞에 관사를 넣는 것이 좋겠다고 했습니다. 관사 사용법은 오랫동안 영어를 사용해도 좀처럼 익숙해지지 않습니다. 여하튼 이런 과정을 통해 이름이 정해졌는데 머리글자를 따서 'IPMU'라고 합니다. 이 책에서도 이제부터는 IPMU라고 하겠습니다.

IPMU를 직역하면 '우주의 물리학과 수학 연구소'가 됩니다. 그러나 좀 멋지게 '수학물리연계 우주연구기구'라고 번역해서 사용하고 있습니다. '연구소'가 아니라 '기구'라고 한 이유는 물리학, 수학, 천문학이라는 폭넓은 분야의 연구자를 결집하는 것을 강조하기 위한 것이었습니다. 이와 달리 몇 개의 연구소를 모은 조직도 기구라고 부릅니다. 예를 들어 쓰쿠바에 있는 KEK는 소립자원자핵 연구소 등 5개의 연구시설로 이루어져 있어서 정식 명칭은 국립 고에너지 가속기 연구기구입니다.

IPMU의 유래가 된 《네이처》에 기사를 쓴 펜로즈 교수는 중력 이론의 대가입니다. 2020년 블랙홀의 생성이 일반상대성이론의 예측이라는 사실을 밝힌 것으로 노벨 물리학상을 수상했습니다. 그가 작성한 《네이처》의 기사는 스티븐 호킹Stephen Hawking과 조지 엘리스George Ellis가 공동으로 쓴 일반상대성이론의 교과서 《시공간의 대규모 구조The Large Scale Structure of Space-Time》에 대한 서평이었습니다. 서평의 제목인 'Mathematics of the Universe'는 일반상대성이론이 우주의 수학이라는 뜻을 담고 있었습니다.

아인슈타인이 1915년에 발표한 일반상대성이론은 블랙홀이나 중력파의 존재를 예측했고, 그 예측은 관측을 통해 검증되었습니다. 또한 일반상대성이론은 우주 전반에 걸쳐 적용되는 것으로 우주의 시작과 진화 그리고 미래까지 과학적 방법으로 탐구할 수 있습니다. 일반상대성이론은 바로 20세기 우주의 수학이었습니다.

우주의 수학은 시대에 따라 달랐습니다. 예를 들면 고대 그리스의 우주 수학은 원이나 삼각형 등을 다루는 기초 기하학이었습니다. 이 책의 제1부에서 이야기했던 초등학교 때 삼각형의 성질을 이용해서 지구의 크기를 잰 경험도 고대 그리스의 우주 수학입니다.

원이나 삼각형이 우주의 수학이었던 시대는 17세기 초반까지 이어집니다. 이 책의 제1부 '눈은 하늘에서 보낸 편지다'에서는 "우주라는 위대한 책을 읽기 위해서는 거기에 적힌 언어를 배우고 문자를 습득해야 한다. 이 책은 수학의 언어로 쓰여 있다"라는 갈릴레오의 말을 인용했습니다. 그는 "그 문자가 삼각형이나 원 등의 기하학 도형이다"라고 말했습니다. 갈릴레오는 실험과 관측에 기초를 둔 근대 과학의 방법을 확립한 위대한 인물입니다. 그러나 그가 이용한 수학은 고대 그리스의 기초 기하학에서 진보하지 못했습니다. 물체 운동의 본질을 간파하기는 했지만 역학의 체계를 구축하지는 못했습니다. 마이클 호스킨Michael Hoskin은 자신의 저서 《서양 천문학사》에서 "갈릴레오는 복잡한 수학 이론을 잘하지 못해서 피하는 경향이 있었다. 이것은 코페르니쿠스주의를 옹호하는 사람으로서 단점이라고 할 수 있다"라고 서술하고 있습니다.

천체의 운동을 기술하는 역학의 체계에는 미적분이 필요합니다. 역학의 구축과 미적분의 발견이라는 두 개의 위대한 업적을 동시에 이룬 사람은 갈릴레오가 타계하고 그 이듬해에 태어난 아이작 뉴턴이었습니다. 이것으로 17세기 우주의 수학은 미적분이 되었습니다.

기원전 우주의 수학은 삼각형이나 원의 기하학, 17세기의 우주의 수학은 미적분 그리고 20세기의 우주의 수학은 일반상대성이론입니다.

그렇다면 21세기 우주의 수학은 무엇일까요?

나는 양자역학과 중력을 통일하는 이론이라고 생각합니다. 초기 우주에 관한 여러 수수께끼, 우주에 넘쳐나는 암흑 에너지의 본성, 블랙홀의 불가사의한 성질 등을 해명하기 위해서는 중력 이론과 양자역학 둘 다 필요하기 때문입니다. 양자역학과 중력을 통일할 수 있는 이론의 유력 후보는 초끈이론이기 때문에 초끈이론이 21세기 우주의 수학이 될 가능성도 있습니다.

뉴턴의 역학 연구는 미적분 발견으로 이어졌고 이것이 지금의 과학 기술의 기초가 되었습니다. IPMU라는 이름의 MU, 즉 '우주의 수학Mathematics of the Universe'에는 최첨단 우주 연구를 통해서 21세기의 새로운 수학을 개척하려는 의지가 담겨 있습니다.

티타임에서 탄생한 분야 융합의 성과

IPMU에서는 2007년 설립부터 오늘에 이르기까지 수학자, 물리학자, 천문학자가 왕성하게 교류해서 분야를 넘나드는 수

많은 성과를 탄생시켰습니다. 거기서 중요한 역할을 한 것이 오후 3시의 티타임입니다.

일본 대학에서는 연구실 단위로 티타임을 가지는 곳이 있어 교수와 학생이 이야기를 나눌 수 있는 좋은 기회를 제공합니다. 유럽과 미국에서는 연구실 단위가 아니라 연구소 행사처럼 티타임을 갖는 연구소가 많습니다. 내가 20대 후반에 머물렀던 프린스턴의 고등연구소에서는 오후 3시가 되면 본관의 큰 방에 홍차와 갓 구운 쿠키를 마련하고 기초과학이나 인문사회의 연구자들이 교류할 수 있는 장을 마련했습니다. 물리학 문제를 생각하다가 티타임에서 만난 수학자들과 논의를 하던 중에 해결책을 찾은 적이 있습니다.

분야 간 교류를 위해서는 문턱을 내리는 것이 좋습니다. 수학자, 물리학자, 천문학자들을 소집해서 "자, 맘껏 이야기해봅시다"라고 해도 바로 이야기가 시작되는 건 아닙니다. 사용하는 전문 용어가 워낙 달라 "무슨 말을 하는지 모르겠다"라는 반응이 나오기도 합니다.

반면 "과자를 먹으러 오세요"라고 하면 모임에 부담 없이 참여할 수 있습니다. 과자를 먹으러 온 것이기 때문에 학문적 이야기를 하지 않아도 됩니다. 원래 기초과학의 연구는 지도가 없이 여행을 하는 것과 같아서 매일 성과가 있는 것은 아닙니다. 그러나 이렇게 잡담을 하는 사이에 학문적 이야기로 발전할 수 있습니다. 이 책 제2부의 '대한민국으로 첫 해외 출장을 가다'에서도 기술한 바와 같이 다른 분야의 사람과 교류하기 위해서는 어깨의 힘을 빼는 것이 효과적입니다.

IPMU의 또 하나의 특징은 "물리학, 수학, 천문학을 결집해서 우주의 가장 심오한 수수께끼를 푼다"라는 연구소의 미션이 분명하게 정의되어 있다는 것입니다.

수학물리연계 우주연구기구라는 이름 자체가 이를 표현하고 있습니다. 그래서 티타임에서도 가끔 '우주'가 화제가 되기도 합니다. 우주는 폭넓은 개념이므로 수학자, 물리학자, 천문학자 모두가 거기에서 뭔가 학문적인 의미를 발견할 수 있습니다.

과학이 발전하면 지식과 기술도 심화됩니다. 그래서 분야가 나누어지고 전문화되는 것이 당연한 일입니다. 분야 간 융합이란 이것을 역행하는 것이 아니라 발전해나가는 분야들 사이에서 다리 역할을 하는 것입니다.

IPMU에서는 다양한 분야의 연구자가 교류할 수 있는 다리를 두 개 설치했습니다. 하나는 오후 3시의 티타임이고 또 하나는 여기서 이야기되는 '우주'입니다. 두 개의 다리를 통해서 연구자의 교류가 촉진되고 분야를 초월한 새로운 연구가 탄생되었습니다.

IPMU 탄생, 그리고 카블리의 이름을 단 연구소

2007년 IPMU 신청서를 완성해서 문부 과학성에 제출할 무렵 나는 도쿄 대학교 객원 교수로서 일본에 머물 수 있는 기간이 끝났습니다.

8월 휴가 중 가족과 함께 프랑스 여행을 하고 있었는데 일본에서 연락이 왔습니다. 서류심사를 통과했지만 당시 미국 대학교 교수였기 때문에 내가 일본 도쿄 대학교의 연구기구에 참가할 의사가 있다는 것을 표명하기 위해서는 청문회에 출석하는게 좋을 것 같다고 했습니다. 그래서 가족을 프랑스에 남겨두고 2박 3일 일정으로 도쿄로 향했습니다. 청문회 장소는 뉴오타니 호텔이었습니다.

고시바 마사토시 교수의 뒤를 이어서 슈퍼 가미오칸데 건설을 주도한 도쓰카 요지戶塚洋二 교수의 《암과 싸운 과학자의 기록》을 읽으면 "2007년 8월 30일, 오늘부터 시작되는 이틀간의 회의를 위해서 어제 뉴오타니 호텔에 체크인했다"라는 문장이 있습니다. 도쓰카 교수는 투병 중에도 청문회 심사를 맡았습니다.

도쓰카 교수의 책에 따르면 유럽에서 온 한 심사 위원이 청문회 직후 이탈리아의 에리체 여름학교에서 강의를 할 예정이었다고 하는데, 실은 나 역시 청문회 후 에리체로 향했습니다. 그곳에서 나도 심사 위원을 만났는데 먼저 말을 걸어왔습니다. 청문회 결과에 대해서는 물론 아무 말도 하지 않았습니다만 싱긋 웃는 것으로 보아 통과되었구나라고 생각했습니다. 다음 날 도쿄에서 신청서가 통과됐다는 연락이 왔습니다.

유럽에서 미국으로 돌아오니 프레드 카블리 회장의 80세 생일 파티가 있었습니다. 나는 카블리 재단이 캘리포니아 공과대학교에 설립한 카블리 교수직을 맡고 있어서 파티에 초대를 받

있습니다.

이 무렵 아이하라 교수로부터 IPMU에 카블리 회장의 이름을 넣으면 어떻겠냐는 제안을 받았습니다. 나는 카블리 회장의 생일 파티에서 막 채택된 IPMU 계획을 소개했습니다. 그러자 카블리 회장과 이사진이 관심을 가졌고 이듬해 봄에는 재단의 대표단이 IPMU로 시찰을 오겠다고 했습니다.

카블리 재단은 당시 이미 케임브리지 대학교, 하버드 대학교, 스탠퍼드 대학교, 캘리포니아 공과대학교 등 세계 각지의 유명 대학에 '카블리'라는 이름이 들어간 연구소를 설립했습니다. 각각의 연구소에 기금을 기부하고 그 돈을 운용해서 생긴 이익으로 연구비를 지원했습니다. 그 대신 이름을 지어 붙일 수 있는 권리, 이른바 명명권을 가지고 있었습니다. 그래서 IPMU에서도 카블리 재단의 이름을 붙이고 기금을 받자는 이야기가 나왔습니다.

그러나 국가의 보조금으로 운영되는 연구소에 재단의 이름을 붙이는 전례는 없었습니다. 또한 도쿄 대학교에서는 기금을 투자하고 운용해서 이익을 낸 경험이 없었습니다. 당시 일본의 규칙으로 기금은 은행 예금과 같은 원금 보장의 운용만 가능했습니다. 미국처럼 운용 이익의 5퍼센트를 연구비로 받는 일이 불가능했습니다.

그러는 사이에 리먼 쇼크가 발생했습니다. 카블리 재단도 손실이 많았다는 소식이 전해졌습니다.

그래도 카블리 재단과는 꾸준히 연락을 취하다 3년 후에 다시 도전했습니다. 2011년 1월에는 무라야마 교수와 도쿄 대학교의 부이사가 로스앤젤레스까지 와서 캘리포니아 공과대학교 기숙사에서 밤늦게까지 이야기를 나누었습니다. 다음 날 아침에 내가 운전을 해서 재단 본부로 함께 이동했습니다. 이때 재단은 도쿄 대학교에 정식으로 제안서를 제출하라고 했고 이것을 시작으로 이야기가 진행되기 시작했습니다. 이듬해에는 IPMU를 위한 기금이 설립되었고 기구의 이름에 '카블리'를 더해서 '카블리 수학물리연계 우주연구기구'라고 개칭했습니다.

카블리라는 이름이 들어가서 좋은 점이 세 가지 있었습니다. 하나는 기금을 통해 안정적인 연구비를 받을 수 있다는 것이고 다른 하나는 전 세계 유명 대학에 있는 20개의 카블리 연구소와의 네트워크를 통해 국제적 공동 연구의 폭이 넓어졌다는 점입니다. 베이징 대학교의 카블리 연구소와는 합동 박사후연구원 프로그램도 있습니다. 마지막 하나는 카블리 이름을 통해 IPMU의 세계적인 인지도가 높아졌다는 것입니다.

나와 카블리 재단 사이에는 캘리포니아 공과대학교 카블리 교수직, 도쿄 대학교의 카블리 수학물리연계 우주연구기구 외에 하나가 더 있습니다. 내가 일본, 인도, 중국, 한국의 친구들과 협력해서 매년 개최하고 있는 '아시아 겨울학교'에도 카블리의 이름을 더해서 '카블리 아시아 겨울학교'라고 하고 있습니다. 수년 전에 카블리 재단의 사람들이 캘리포니아 공과대학교에 있는 내 연구실을 방문했을 때 겨울학교 이야기를 했더니 그와 같은 활동은 꼭 지원하고 싶다고 했고 덕분에 아시아의 젊은 연구자들을 육성할 수 있게 되었습니다. 재단이 기초과학의 진흥과 젊은 연구자 육성에 다양한 형태로 협력해주고 있는 것에 감사하고 있습니다.

내가 진지하게 즐길 수 있는 것은 무엇일까

IPMU의 설립 계기가 된 '세계 최고 수준의 연구 거점 프로그램'은 다음을 통해 해외에서도 눈에 띄는 연구의 거점이 되는 것을 목표로 하고 있습니다.

- 세계 최고 수준의 연구
- 융합 영역 창출
- 국제적 연구 환경의 실현
- 연구 조직 개혁

IPMU는 이 네 요건을 모두 성취했기 때문에 연구 거점 프로그램 중 유일하게 5년 연장이 가능했고 한층 더 안정적인 자금을 얻어서 영구적인 연구소가 될 수 있었습니다.

IPMU의 성공 이유는 무엇보다 초대 기구장인 무라야마 교수의 헌신적인 노력 덕분이었습니다. 더불어 무라야마 교수와 나처럼 미국 대학에서 관리나 운영을 맡아본 경험이 있는 사람이 IPMU에 관여한 것이 도움이 되었다고 생각합니다.

앞에서 제시한 네 개의 요건 중 1과 2는 연구에 관한 것이고 3과 4는 운영에 관한 것입니다. 일본의 대학 제도 중에는 국제적인 기준과 동떨어져서 있어서 일본의 국제 경쟁력을 저해하고 있는 것이 있습니다. 이것을 개혁해서 도쿄 대학교, 더 나아가 국내 대학이나 연구소로 확장해나가기를 기대하며 만든 것입니다.

연구 조직을 개혁해서 국제적 연구 환경을 실현하고자 할 때 미국이나 유럽 대학의 좋은 구조를 그대로 따라한다고 되는 것은 아닙니다. 각국의 대학 제도는 그 나라의 역사와 환경이 만들어낸 것이기 때문에 그 안에서 다양한 구조가 유기적으로 연결되어 상호 작용하고 있습니다. 그중에서 좋아보이는 것을 따라한다고 해도 그것이 국내에서도 잘 접목될 것이라고 확신할 수 없습니다.

대학의 구조는 미국이나 유럽 대학에서 박사후연구원을 경험하거나 1년 정도 객원 교수로 있었다고 해도 알 수 없는 것이 많습니다. 대학에서 박사후연구원이나 객원 교수는 손님과 같은 존재로 생각해서 무대의 뒷모습을 보여주지 않습니다.

무라야마 교수나 나는 미국 대학에서 오랫동안 교수를 했습니다. 또한 아스펜 물리학센터의 총재를 역임했고, 캘리포니아 공과대학교에서 이론 물리학 연구소 설립을 주도하여 관리와 운영에도 관여했습니다. 이른바 미국 대학 안의 사람이었기 때문에 어떤 구조가 일본의 제도 안에 뿌리를 내려야 할지, 또 이를 위해 무엇을 해야 할지 알고 있었습니다. 이것도 IPMU가

성공할 수 있었던 요인 중 하나라고 생각합니다.

IPMU에 관여하면서 연구 방향도 새롭게 정해졌습니다. 뒤에서 이야기하지만 연구소는 그 미션(사명)이 분명해야 합니다. IPMU의 미션은 "물리학, 수학, 천문학을 결집해서 우주의 가장 심오한 수수께끼를 푼다"입니다. 나는 이제까지 오로지 초끈이론의 수학적 측면에 대해서 연구를 해왔습니다. 하지만 IPMU의 미션에 영향을 받아 나의 초끈이론 연구가 우주의 문제에 어떤 의미를 가지는지 자문하게 되었습니다.

그 성과 중 하나가 2018년에 발표한 우주의 암흑 에너지에 관한 논문입니다. 현재 우주는 가속 팽창하고 있다는 것이 관측되었습니다. 어떤 에너지가 이런 팽창의 원인이라고 여겨지고 있습니다. 이 에너지의 정체가 명확하지 않아 '암흑 에너지'라고 부르고 있는데 암흑 물질과 나란히 우주의 큰 수수께끼입니다. 우리들은 초끈이론을 이용해서 암흑 에너지의 일반적인 성질에 관한 예측을 세웠습니다. 이제까지 암흑 에너지의 성질로 믿고 있었던 것과는 다른 예측이어서 큰 파장을 불러일으켰고 같은 해 소립자론 분야에서 발표된 논문 가운데 인용 수가 가장 많은 논문이 되었습니다. 또한 이 연구는 내가 2006년에 발표한 논문 내용을 발전시킨 것이기 때문에 그 논문도 다시 주목받았습니다. 이런 연구가 가능했던 것도 IPMU에 참여했기 때문입니다.

2017년에는 IPMU 설립 10주년을 맞이했습니다. 무라야마 교수도 기구장을 역임한 지 10년째가 되었던 터라 교대하고 싶다고 했고 나에게 기구장의 자리를 권유했습니다. 그러나 바로 답을 할 수는 없었습니다.

그 이유는 캐나다의 페리미터 이론 물리학 연구소의 소장직 제안을 받았기 때문입니다. 2000년에 설립된 이 연구소는 200억 엔 이상의 자금을 보유하고 있었을 뿐만 아니라 온타리오주 정부로부터 매년 10억 엔 정도의 보조금을 받고 있었습니다. 이론 물리학 연구소로서는 큰 규모이기 때문에 소장의 재량으로 할 수 있는 일도 많아서 매력적인 자리였습니다.

이 무렵 IPMU의 설립 10주년 기념 심포지엄을 열게 되어 조직 위원장을 맡았습니다. IPMU에서는 수학과 이론 물리학 연구뿐만 아니라 우주 관측과 실험 물리학에서도 세계 최첨단의 연구가 이루어지고 있었습니다. 예를 들면 초기 우주의 빅뱅 때 나온 빛을 인공위성으로 측정해서 우주론에 관한 가설을 검증하는 실험이나 스바루 망원경을 이용한 암흑 물질과 암흑 에너지의 관측 등이 있습니다. 또한 두 개의 노벨 물리학상을 수상한 가미오칸데의 지하 실험에서도 IPMU의 연구자들이 활약하고 있었습니다. 10주년 기념 심포지엄에서 IPMU에서의 실험과 관측의 성과 그리고 미래의 가능성에 대해서 많은 강연을 듣고 있는 사이에 이런 생각이 떠올랐습니다.

나는 이제까지 이론 물리학을 연구해왔다. 캘리포니아 공과대학교의 월터 버크 이론 물리학 연구소의 소장과 아스펜 물리학센터의 총재도 역임했는데 모두 이론 물리학 연구소였다. 캐나다의 페리미터 연구소도 규모는 크지만 이론 물리학 연구소이므로 그곳의 소장이 된다고 해서 학문적으로 새로운 것은 없다. 실험이나 관측을 기초로 가설을 세우고 가설을 검증하는 것으로 확실한 지식을 쌓아가는 것이 과학인데 나는 이제까지 실험이나 관측에는 전혀 관여하지 않지 않았는가? 만약 내가 IPMU의 기구장이 되면 실험이나 관측의 관리, 운영에 도전하면 과학자로서의 경험과 견식도 넓어질 것이다.

이렇게 생각하니 30년 전에 도쿄 대학교에서 조수를 하고 있을 때, 히가시지마 기요시東島清 교수가 "망설이게 된다면 자신이 재밌다고 생각하는 것을 선택하면 됩니다"라고 말했던 것이 기억났습니다. 히가시지마 교수는 교토 대학교의 선배로 당시 도쿄 대학교에서 조수를 하고 있었습니다. 내가 석사를 마치고 왔으니 주저하는 상황이 있을지도 모르겠다고 생각했는지 조언을 해주며 챙겨주었습니다. 히가시지마 교수의 말은 연구 프로젝트를 선택할 때는 물론이고 인생의 여러 장면에서 참고가 되었습니다.

여기서 히가시지마 교수가 한 말의 핵심은 '진지하게 즐길 수 있는가?'라는 질문이었다고 생각합니다. 이를테면 연구 프로젝트를 선택할 때면 자신의 지적 호기심에 충실하라는 것입니다. 이 책의 제1부에서 불교학자 사사키 시즈카 교수와의 대담에서 그는 "어떤 일이라도 그 기능이 제대로 발휘될 수 있을 때 행복하다고 생각합니다"라고 말했습니다. 연구할 수 있는 시간은 한정되어 있기 때문에 자신의 능력을 가장 잘 발휘할 수 있고 의미 있는 연구를 선택해야 합니다. 가치 있는 연구가 재밌을 수 있도록 스스로를 연마할 필요도 있습니다. "진지하게 즐긴다"라는 것은 기초과학에서 중요하기 때문에 끝부분에서 더 자세히 이야기하겠습니다.

페리미터 연구소 소장이 될지, IPMU의 기구장이 될지를 두고 망설였을 때에도 히가시지마 교수의 말을 떠올렸습니다. 그 결과 지금 나의 능력을 가장 잘 발휘할 수 있는 IPMU를 선택했습니다.

미션을 잊어서는 안 된다

IPMU의 기구장을 맡기로 결정했을 때는 피터 고다드 교수의 말을 떠올렸습니다. 고다드 교수는 나와 같은 초끈이론의 수리적 측면을 연구했기 때문에 오래전부터 친하게 지내고 있었습니다. 내가 교토 대학교 수리해석 연구소의 조교수로 있을 때에는 함께 구라마산 등산도 하고 돌아오는 길에는 기부네의 강가에서 이야기를 나누기도 했습니다. 케임브리지 대학교에 교수로 있을 때 고다드 교수의 집에 방문한 적이 있는데 그때의 사진을 액자에 넣어서 보관하고 있었습니다.

고다드 교수는 케임브리지 대학교에 재직 중 아이작 뉴턴 수

리과학 연구소를 세우고, 동대학의 세인트존스 칼리지 학장이 되었습니다. 그 후에는 고등연구소의 소장을 8년간 역임했습니다. 고등연구소의 소장직을 데이크흐라프 교수에게 물려받은 다음, IPMU에서 몇 주 동안 머문 적이 있었습니다. 좋은 기회라서 뉴턴 연구소 창립과 고등연구소에서의 경험에 대해서 인터뷰를 했습니다. 이 기사는 필자의 저서 《소립자론의 랜드스케이프 2素粒子論のランドスケープ2》에 실려 있습니다.

그때 들은 이야기 중 특별히 중요하다고 생각한 것이 두 가지 있습니다. 하나는 "연구소는 미션을 잊어서는 안 된다"라는 것입니다. 좋아 보이는 연구 주제가 있으면 바로 손을 뻗고 싶어집니다. 그러나 연구소의 자원은 한정되어 있기 때문에 하나를 받아들이면 다른 기회를 잃을 수밖에 없습니다. 잃어버린 기회가 더 큰 성과로 이어졌을 수도 있습니다. 이것을 '기회 손실'이라고 합니다. 자원을 가장 효율적으로 활용해서 최고의 성과를 얻기 위해서는 연구소의 미션을 지침으로 삼아 위험을 제거해야 합니다.

IPMU는 연구소로서 큰 성공을 이뤄서 높은 평가를 받았습니다. 그래서 여러 매력적인 제안을 받기도 했지만 모든 제안을 다 받아들일 수는 없었습니다. 제안을 수락할 것인지에 대해 고민을 할 때 "물리학, 수학, 천문학을 결집해서 우주의 가장 심오한 수수께끼를 푼다"라는 IPMU의 미션을 생각하는 것이 중요합니다.

고다드 교수를 통해 알게 된 또 하나의 교훈은 '시간의 흐름을 생각해야 한다'는 것입니다. 연구소가 10년간 잘 운영되었다면, 다음 10년은 어떻게 해야 할 것인지에 대해 과거 10년을 되돌아보고 다음 10년의 비전을 생각해야 합니다. 내가 기구장이 되었을 때 가장 먼저 장기 전략계획 위원회를 설립한 것은 이런 고다드 교수의 말을 떠올렸기 때문입니다.

기구장으로서 내가 생각하고 있는 또 다른 미션이 있습니다. 일본 과학은 국제적 시각에서 크게 결여된 것이 있는데 바로 '다양성'입니다. IPMU는 상근 연구자의 약 50퍼센트가 외국인으로 구성된 국제적 연구소입니다. 국적의 다양성이라는 점에서는 일본에서 특별하다고 할 수 있습니다. 그러나 여성 연구자의 비율은 다른 나라와 비교해서 현저히 낮습니다.

다양성은 모든 사람에게 공평하게 기회를 준다는 점에서 정의롭습니다. "우주의 가장 심오한 수수께끼를 푼다"라는 연구소의 미션을 생각했을 때도 중요합니다. 기초과학 연구에서는 대담한 아이디어를 장려하고 다양한 관점을 받아들여서 치밀한 논의를 해야 합니다. 그러기 위해서는 자유로운 지적 환경이 필요합니다. 여기에 모이는 사람들은 서로 존중하면서 스스로 선입견이나 편견에서 벗어나야 합니다. 이런 환경이 되었을 때 과학 기술의 진보에 따라 생겨나는 문제를 해결할 수 있습니다.

연구소는 과학자가 집중력을 가지고 자유롭게 진리를 탐구할 수 있는 환경이어야 합니다. 나는 이제까지 고등연구소, 교토 대학교의 수리해석 연구소, 캘리포니아 공과대학교, 아스펜 물리학센터 등 연구자의 낙원이라고 할 수 있는 곳을 경험해왔습니다. 이런 멋진 환경이었기 때문에 나의 능력을 발휘할 수 있었고 그것에 대해 감사하게 생각하고 있습니다. IPMU도 과학자의 자유로운 낙원이 될 수 있도록 기구장으로서 노력하고 있습니다.

코로나19로 가속화된 기초과학의 민주화

이 원고를 쓰고 있는 현재 새로운 코로나 바이러스 감염증이 세계적으로 유행해서 사회 활동이 크게 제한을 받고 있습니다. 도쿄 대학교와 캘리포니아 공과대학교에서도 2020년 봄에는 모든 수업이 온라인으로 진행되었습니다. 또한 연구 활동도 영향을 받고 있습니다. 아스펜 물리학센터에서도 3월에 긴급 이사회가 소집되었고 2020년 여름 프로그램이 중지되었습니다. 이 책이 출판될 무렵에는 백신 접종을 통해 사회 활동이 회복되기를 바랍니다.

우리들이 집에서 대기하고 있는 사이에 급속하게 퍼진 디지털 혁신 중에서 가상세계의 출현은 코로나19가 수습된 후에도 계속해서 사회의 모습을 바꾸어놓을 것이라고 생각합니다. 그래서 우리 연구자들이 코로나 시대에 어떻게 대처해왔는지를 소개하여 포스트 코로나 사회에서 이를 어떻게 활용할 수 있을지 생각해보고자 합니다.

여러분들도 '줌'과 같은 웹 기반 회의 시스템을 사용할 일이 많아졌을 것입니다. 나와 같은 연구자들은 원격으로 공동 연구자와 논의를 위해서 코로나 전부터 일상적으로 웹을 이용해 회의를 진행하고 있었습니다. 지금은 세미나나 국제 회의에도 널리 이용되고 있습니다.

나는 바로 어제도 웹을 통해 옥스퍼드 대학교의 세미나에 참여했고 오늘은 남아프리카 국제 회의에 참석하며 내일은 미국 연방정부의 위원회에 참석할 예정입니다. 그 중간에 대학원생, 박사후연구원과 면담을 하고 IPMU와 캘리포니아 공과대학교의 운영에 관한 회의에도 참석합니다. 이 일들을 모두 서재에서 하는 날이 이어지고 있습니다.

웹에서 열리는 세미나나 국제 회의가 좋은 점은 연구 정보 전달의 속도가 빠르다는 것입니다. 또한 지방 대학교나 개발도상국의 연구자들이 최첨단의 강연을 들을 기회가 늘어나게 된 것도 중요한 변화 중 하나입니다. 이런 모습은 30년 전 기초과학에서 일어난 큰 변혁을 떠올리게 합니다.

내가 1988년 고등연구소에 있을 때 나와 같은 초끈이론을 연구하고 있던 조안 콘 박사가 출판 전 논문을 이메일로 전송하는 서비스를 시작했습니다. 당시 연구자들은 잡지에 등재하기 전에 논문을 출력해서 우편으로 발송했습니다. 조안 콘 박사는 논문을 우편으로 발송하는 대신 이메일로 전송하는 방법을 생각해낸 것입니다. 완성된 논문 파일을 그녀에게 보내면 다음 날 그녀가 리스트에 있는 연구자들에게 전송했습니다. 그러나 이

시스템에는 문제가 있었습니다. 우선 그녀의 선의에 의지해야 한다는 점과 또 다른 하나는 컴퓨터의 메모리 용량이 작아서 논문 파일로 메모리가 금방 부족해진다는 점이었습니다.

1991년 6월 아스펜 물리학센터에서 열리고 있던 초끈이론 연구회의 점심식사 자리에서 이 문제가 화두에 올랐습니다. 그 자리에 있던 폴 긴스버그 박사가 분명 더 좋은 시스템이 있을 것이라고 이야기했습니다. 아스펜은 빠르게 관련 직무를 할 수 있는 팀을 짜서 프로그램 개발에 능숙한 긴스버그 박사를 주축으로 출판 전 논문의 자동 전송 시스템을 구축했습니다. 두 달 후에는 로스앨러모스 국립 연구소의 컴퓨터를 정보 저장고로 하는 '전자 출판 전 논문 아카이브'가 움직이기 시작했습니다. 아카이브에 등록을 하면 신규 논문의 제목과 요약 리스트를 받아볼 수 있었습니다. 읽고 싶은 논문의 번호를 이메일로 아카이브에 보내면 파일이 전송되는 시스템입니다. 1993년에는 모든 것을 웹으로 전송할 수 있게 되었습니다.

출판 전 논문을 우편으로 보냈을 때 유럽과 미국의 주요 연구 기관에 소속되어 있지 않은 연구자는 최신 연구 정보를 받기 힘들었습니다. 1984년 초끈이론 혁명이 일어났을 때에도 교토 대학교의 대학원생이었던 나에게 출판 전 논문이 도착하기까지 3개월이 걸렸습니다. 지금은 세계 어디에 있든 매일 최신 논문을 읽을 수 있습니다. 유럽과 미국의 주요 연구 기관이든 개발 도상국의 대학이든 정보의 접근성이 평등해졌습니다. 이런 점에서 볼 때 전자 출판 전 논문 아카이브는 기초과학 연구를 '민주화'했다고 할 수 있습니다.

전자 출판 전 논문 아카이브 설립 당시를 떠올린 이유는 이 시스템이 가져다준 기초과학의 민주화와 연구 교류의 촉진이 웹 회의를 이용한 세미나나 국제 회의에 의해 더욱 가속화될 것이라고 생각했기 때문입니다.

캘리포니아 공과대학교와 같은 미국의 주요 대학에 있을 때 좋았던 점 중 하나는 매일 나에게 자극을 주는 세미나를 들을 수 있다는 것이었습니다. 그런데 코로나 시대가 되면서 세미나를 웹에서 진행하게 되자 개발 도상국의 연구자들도 세미나에 참가할 수 있게 되었습니다. 온라인 세미나를 녹화해 공개하는 대학이나 연구소도 많이 있기 때문에 관심이 있는 세미나를 편한 시간에 시청할 수 있는 것도 장점입니다.

웹을 통한 세미나나 국제 회의는 새로운 학술 교류의 모습을 보여주고 있습니다. 전자 출판 전 논문 아카이브와 마찬가지로 강연 비디오 아카이브를 구축하려는 움직임도 있는데 이러한 시도를 미국의 사이언스 재단이 후원하고 있습니다.

세계의 속도에 맞추지 못하는 일본

안타깝게도 일본의 대학이나 연구소는 이런 세계적 흐름에 완전히 뒤처져 있습니다. 일본은 저작권 보호가 심해서 강연 비디오를 공개하기 위해서는 강연에 사용된 그림이나 영상의 저작권을 꼼꼼하게 확인하고 때에 따라서는 사용 허가 절차가 요구됩니다. IPMU 연구자의 성과를 공유하려는 목적으로 저작권 처리 위탁 업무에 발생하는 비용을 계산해보니 30분 정도 영상에 약 100만 엔이 든다고 합니다. 이것은 도저히 감당할 수 없을 정도로 많은 액수입니다.

이에 비해 미국에서는 공공을 위한 목적이라면 내용물을 허가 없이 이용할 수 있는 저작물 공공 이용에 관한 판례가 있어 학술 교류를 위한 저작물 사용이 일정한 테두리 안에서 허용되고 있습니다. 세계 각국에서 강연을 한 경험에 비춰볼 때 저작권 때문에 강연 비디오를 공개하기 어려운 나라는 일본밖에 없습니다.

지금까지 영상 정보 공유에 힘써온 유럽과 미국의 연구소는 코로나 시대에도 웹 정보 공유에 힘쓰며 국제적인 경쟁력을 강화하고 있습니다. 이에 비해 일본 특유의 저작권 규제는 일본의 대학이나 연구소가 가상 공간에서 국제적인 경쟁을 하는 데 큰 방해 요소로 작용하고 있습니다.

이 문제에 대한 문화청은 다음과 같은 입장을 내놨습니다. "창작자의 권리를 보호하는 한편, 콘텐츠 이용을 원활하게 하는 일도 사회 전체의 발전을 위해서 아주 중요하다고 생각합니다. 연구 목적으로 이용하는 콘텐츠에 관해서는 일부만 저작권을 제한하는 방법 그리고 그 대상이나 요건에 대해서 검토하겠습니다. 연구 목적을 위한 저작권 제한에 관해서는 여러 나라의 제도와 현황을 조사하고 연구하고 있습니다." 이후의 변화를 기대해보겠습니다.

한편 코로나 시대 일본에 유리한 점도 있습니다. 지금까지 일본은 유럽, 미국과 비교해서 감염증 확산을 막는 데 성공하고 있기 때문에 해외의 우수한 연구자들 중에는 일본에서 연구하고 싶다는 사람도 있습니다. 해외에서 재능이 있는 연구자를 불러올 수 있는 기회라고 생각해 IPMU에서는 급하게 몇 개의 프로그램을 만들었습니다.

이를테면 해외에서 자리를 잡았지만 입국 제한 등의 이유로 이러지도 저러지도 못하고 있는 우수한 대학원생이나 박사후 연구원이 많이 있습니다. 이런 상황에 처해 있는 사람들이 다음 직장을 구할 때까지 단기간으로 이들을 고용하는 프로그램인 '포닥 앙파상'을 시작했습니다. 앙파상en passant은 체스 용어로 통과 중인 보병을 잡는 것을 의미합니다. 이 프로그램 덕에 이전에 IPMU의 제안을 거절한 적이 있는 우수한 연구자도 초빙할 수 있었습니다.

가상 공간의 활용은 학술 교류뿐 아니라 대중과의 교류에도 좋다는 것을 알 수 있었습니다. 2020년 봄부터 시작한 시민이 참여하는 온라인 행사에는 매회 수백 명에서 수천 명이 참가하고 있으며 마지막까지 시청률도 높습니다. 홋카이도에서 오키나와까지 전국의 시민들이 참여하고 있습니다. 지금까지 오프라인에서 열린 IPMU 행사들은 도쿄 대학교에 올 수 있는 사람만 참가할 수 있었는데 온라인으로는 전국에서 접근할 수 있어서 지방과 도시의 정보 격차를 개선하는 데 도움이 되고 있습니다. 또한 오프라인 행사에는 시간적인 여유가 있는 사람만이 참석할 수 있었던 것에 비해 온라인 행사에는 중고등학생이나 대학생의 참석이 크게 늘어났습니다. 입시와 동아리 활동으로 바쁜 중고등학생들도 온라인으로 참여할 수 있는 행사라서 접근성이 높다고 생각합니다. 코로나 시대에 명확히 드러난 접근성 측면에서 가상 공간의 이점은 팬데믹 이후에도 활용할 수 있을 것입니다.

지금까지 가상 공간에서 이루어지는 교류의 좋은 점에 대해서 이야기해봤습니다. 하지만 모든 것을 웹으로 대체할 수는 없습니다. 나는 휴식 시간이나 식사 시간 등에 동료들과 나누는 교류를 위해 국제 회의에 참석합니다. 그때 오랜만에 만난 연구자들과 아이디어를 나눕니다. 굳이 메일로 물어볼 정도의 진지한 논의는 아니지만 가벼운 이야기를 하다보면 연구를 진행하는 데 도움이 될 만한 단서를 얻기도 하고 동료 연구자들과 새로운 공동 연구를 시작하는 경우도 자주 있습니다.

웹 상에서 회의는 미리 의제가 정해져 있을 때 효율적입니다. 그러나 생각지도 못한 문제를 해결해야 하거나 다른 분야와 융합할 수 있는 발견을 목적으로 하는 경우에는 더 가볍게 이야기를 나눌 수 있는 자리가 필요합니다. 나는 현재 코로나 시대를 기회로 가상 공간을 다양하게 활용하고 포스트 코로나 사회에 대비해 실제 공간과 가상 공간을 조합한 새로운 연구소를 모색하고 있습니다.

지금까지 코로나 바이러스에 대해 연구소가 어떻게 대응했는지를 설명했는데 IPMU의 연구 중 신형 코로나 바이러스를 막는 데 직접적으로 도움이 되는 것은 없는지에 대해 궁금한 분들도 있을 수 있다고 생각합니다. 우리가 하고 있는 것은 기초 연구로 현실 사회의 문제에 바로 도움이 되지는 않습니다. 그럼에도 사회는 왜 이러한 연구를 지원하는 것일까요? 이에 대해서는 제4부에서 이야기하겠습니다.

시간과 컨디션 관리도 중요한 일

캘리포니아 공과대학교의 이론 물리학 연구소 소장과 IPMU의 기구장을 겸임하고, 2019년까지 아스펜 물리학센터의 총재를 역임하면서 어떻게 연구할 시간을 확보하는지에 대해서 질문을 하는 사람도 있습니다. 연구소의 리더는 연구자로서 연구도 수행해야 하기 때문에 연구 시간을 확보하는 일은 중요합니다.

연구를 할 때에는 연구에만 집중할 수 있는 시간이 필요합니다. 관리직의 일을 하고 있으면 해결해야 할 여러 안건이 있어서 집중력이 떨어집니다. 게다가 안건 중에는 간단하게 해결할 수 없는 것도 많아서 연구를 하는 것보다 이 문제를 빨리 해결하고 싶은 마음이 들 때도 있습니다.

그래서 오전 중에는 관리와 운영에 관한 일을 하지 않고 가능한 연구에 집중하려고 노력합니다. 일본과 캘리포니아의 시차가 있어서 IPMU와 연락을 하는 시간은 캘리포니아 시간으로 저녁 시간대입니다. 그러니 오전에는 연구를 하고 오후에는 교육이나 관리와 관련된 업무를 하는 식으로 시간을 나누고 있습니다. 일본에 갈

때도 시차 적응을 잘하기 위해서 일주일 이내로 짧게 머물 예정이면 캘리포니아 시간에 맞춰 생활합니다. 그럴 경우는 한밤중에 일어나 해가 뜰 때까지 연구할 시간을 많이 확보할 수 있습니다. 밤이 되면 연구 시간을 위해 신데렐라처럼 쫓기듯이 집으로 가야 하기 때문에 회식 자리를 거절하는 일도 많습니다.

연구를 하는 데 있어서 자신의 연구에 집중하는 시간과 다른 연구자들의 논문을 읽고 학계의 최근 이슈를 파악하는 시간으로 나누어 연구 시간을 균형 있게 확보할 필요가 있습니다. 전자 출판 전 논문 아카이브에서 매일 최신 논문 리스트를 받는데 이것을 꼼꼼하게 읽은 다음 자신의 연구에 파고드는 균형이 중요합니다.

시간과 더불어 체력 관리도 중요합니다. 앞에서 고등연구소에서 동료 연구자들의 지구력에 감탄했던 적이 있다고 이야기했습니다. 연구는 체력으로 승부하는 것이기 때문에 평상시에 체력을 관리하는 사람이 많습니다. 고등연구소 안에 있는 숲을 산책하고 있으면 조깅을 하는 물리학자나 수학자를 많이 만날 수 있습니다.

매일 체육관에서 근력 운동을 하는 연구자를 보고 "이 사람은 근육으로 연구를 하나?"라고 생각할 정도로 훌륭한 몸을 가진 연구자도 적지 않습니다. 일본에서는 "근력은 배신하지 않는다"라는 말이 2018년 최고의 유행어로 선정되었습니다. 지도 없이 사막을 여행하는 것과 같은 기초과학의 연구에서는 성과가 보이는 날이 많지 않기 때문에 노력의 결과를 바로 눈으로 확인할 수 있는 근육을 키우는 것은 정신을 안정시키는 데 효과가 있지 않나 생각합니다.

나도 수년 전까지는 캘리포니아 공과대학교의 체육관을 다녔고 트레이너도 있었습니다. 그러나 딸이 동해안에 기숙사가 있는 학교로 가게 되서 딸이 쓰던 방을 나만의 작은 운동실로 만들어 그곳에서 운동을 합니다. 세계 각지의 대학이나 연구소가 세미나와 연구회에서 했던 강연을 영상으로 만들어 인터넷에서 볼 수 있는데 나는 운동실에 TV를 설치해서 유산소 운동을 하면서 강연 영상을 시청합니다.

인터넷을 통해서 집에서 혼자 트레이닝을 하기도 합니다. 웹 기반 회의 시스템을 이용해서 트레이너가 실시간으로 운동을 지도해줍니다. 신형 코로나 바이러스 감염증이 세계적으로 유행하면서 집에만 있는 사람이 많아졌기 때문인지 이런 서비스가 도움이 됩니다.

제4부

사회에서 기초과학이란 무엇인가

동일본 대지진으로 되묻는 기초과학의 의미

'생각하는 것의 기쁨'을 알게 된 초등학교 때부터 현재까지 나의 여행을 되돌아보았습니다. 일본의 75년에 걸친 평화와 번영 속에서 기초과학을 직업으로 나의 호기심을 좇아 연구를 할 수 있었던 것은 행운이었습니다. 전후의 상황을 딛고 지금의 사회를 이룩한 부모님과 선배 세대에게 감사의 말을 전합니다.

과학자로 성장해나가는 과정에 선물과 같은 일들도 있었습니다. 교토 대학교 이학부에 입학해서 좋아하는 공부를 마음껏 할 수 있었던 것, 대학원에 입학한 해에 초끈이론 혁명이 일어난 것, 박사 학위가 없었음에도 도쿄 대학교의 조수가 된 것, 해외에서 여러 경험을 쌓은 것, 모두 내 인생의 고마운 선물이라고 생각합니다.

원래 과학이란 자연 현상을 관찰하고 실험을 통해 가설을 세우고 그 가설을 관찰과 실험으로 검증하는 과정입니다. 검증을 거쳐서 과학자들 사이에서 널리 인정된 가설은 과학의 지식이라는 지위를 얻게 됩니다. 과학은 진리의 발견 자체를 목적으로 하는 기초과학과 실용을 목적으로 하는 응용과학 두 분야로 나뉩니다. 이 책에서 '과학'이라고 할 때는 주로 기초과학을 가리킵니다. 세상의 객관적 진리를 찾는 작업인 과학의 방법이 어떻게 발견되었고 어떻게 발전해왔는가에 대해서는 스티븐 와인버그Steven Weinberg의 《세상을 설명하려면: 현대 과학의 발견To Explain the World: The Discovery of Modern Science》에 자세하게 기술되어 있습니다. 정말 재밌는 책이라서 일본어로 번역되어 출판되었을 때는 서평을 쓰기도 했습니다. 과학의 역사에 대해서는 와인버그 교수의 책을 읽어도 충분하니 여기서는 과학과 사회의 관계에 대해서 이야기해보겠습니다.

나는 행복하게도 기초과학을 직업으로 삼을 수 있었고 큰 의문 없이 연구를 즐겼습니다. 그러던 중 약 10년 전쯤 기초과학이 가지고 있는 사회적 의의에 대해서 깊이 생각할 기회가 있었습니다. 2011년 3월 11일에 동일본 대지진이 일어났을 때입니다.

IPMU의 사무실에서 세 명의 연구자와 논의를 하고 있었는데 갑자기 건물이 흔들리기 시작했습니다. 항상 이용하는 통근 열차도 멈춰버려서 그날은 집으로 돌아가는 길이 말로 표현할 수 없을 만큼 혼잡했습니다. 도쿄에 있다고 해도 할 수 있는 일이 없어서 부랴부랴 캘리포니아로 돌아왔습니다. 나는 과학자로서 정확한 정보를 알려야 한다고 생각하여 캘리포니아 공과대학교 공학부 교수 중에서 폭발 현상을 연구하고 있는 조셉 세파드 교수에게 '후쿠시마 제1 원자력 발전의 위기'라는 제목으로 강연을 부탁했습니다. 강연 후 일본인회에서 강의 자료를 일본어로 번역해서 배포했습니다. 또한 지진으로 피해를 입은 사람들을 위한 모금 활동에도 일본인회 사람들의 노력으로 많은 기부금을 모아 '아키이하네 공동 모금'에 전달할 수 있었습니다.

동일본 대지진 후 나는 세상과 동떨어진 연구를 하고 있는 것이 의미가 있는지 자문했습니다. 이 책의 마지막 부분에서 기초과학의 연구가 왜 사회에 필요한가에 대해서 이야기하겠습니다.

제1부의 '과학의 발견은 선도 악도 아니다'에서 말한 바와 같이 과학의 발견은 그 자체로 무엇에 도움이 될지 알 수 없습니다. 아무 도움이 되지 않을 수도 있습니다. 오히려 해가 될지도 모릅니다. 이런 연구가 어떻게 사회의 지원을 받을 수 있게 된 것일까요? 이 물음은 과학 발전에 있어서 중요한 게 무엇인지 생각하게 합니다. 이어서 현대 사회에 있어 과학의 의미에 대해 이야기해보겠습니다.

과학은 원래 천문학에서 시작되었다

나는 물리학자이므로 어떤 일에 대해서든 '처음'부터 이야기해야 합니다. 과학의 여러 분야 중에서 가장 먼저 발달한 것은 천문학이었습니다.

과학은 어떻게 천문학에서 시작되었을까요? 이것은 우리 인간이 그저 살아가는 존재가 아니라 사는 것에 어떤 의미가 있는지, 우리의 존재가 이 세계 속에서 어떤 위치를 차지하고 있는지 묻기 때문이라고 생각합니다. 이런 물음을 가진 생물은 우리가 아는 한 인간밖에 없습니다. 그래서 고대로부터 다양한 문명이 '우주는 어떻게 만들어져 있는가?' '그 구조는 어떻게 되어 있는가?'라는 근원적 의문에 답하려고 했습니다. 여기서 창조 신화와 종교가 탄생한 것입니다. 최초의 과학은 자연계에서 발생하는 다양한 현상의 패턴을 발견하는 것이 중요한 일이었습니다. 내가 초등학생일 때 자연 실험에 매료된 것도 같은 조건에서는 반드시 같은 일이 반복된다는 패턴을 발견하는 과정이 즐거웠기 때문입니다. 패턴을 발견하는 일은 그 배후에 있는 보편적 법칙을 발견하는 단서가 됩니다.

태양, 달, 밤하늘 별들의 천체 운동은 고대인이 쉽게 이해할 수 있는 자연 현상이었습니다. 천체의 움직임을 관찰하고 기록해서 매일 또는 매년 반복되는 패턴이 있다는 것을 알 수 있었습니다. 이 데이터를 가지고 만든 달력은 농사를 비롯한 실생활에 도움이 되었습니다. 인간은 본래 호기심이 많고 실용적인 것을 선호했기 때문에 고대부터 천문학을 탐구해왔습니다.

기원전 2000년경 바빌로니아는 고대 문명에서도 수준 높은 천문학을 가지고 있었습니다. 그 이유로 다음의 세 가지를 들 수 있습니다.

첫 번째 바빌로니아의 왕이 천계와 관련이 있어서 신으로부터 전쟁, 기아, 역병 등의 예언을 들을 수 있다고 생각했기 때문입니다. 왕의 권위를 유지하기 위해서는 미래를 예측할 수 있는 힘을 과시해야 할 때도 있었을 것입니다. 이 때문에 월식이나 일식 등의 천문 현상을 예측하는 능력이 중요했습니다.

두 번째 바빌로니아에는 천문 현상을 예측하기 위해서 매일 별을 관찰하고 기록하는 사람이 있었습니다. 왕에게는 중요한 안건이었으므로 많은 투자를 했을 것입니다. 바빌로니아의 천문학자는 국가 공무원과 같은 위치였습니다.

천문학자들은 점토판에 천문 현상을 설형 문자로 오랜 시간에 걸쳐 기록했습니다. 짧은 기간의 기록들로 드러나는 천문 패턴도 있었지만 일식이나 월식을 예측하는 데는 긴 시간이 필요했습니다. 바빌로니아에서는 천문 현상의 기록이 700년 이상 계속되었기 때문에 예측의 정확도는 점점 높아졌습니다.

세 번째 바빌로니아에는 대수학이 매우 발달해 있었습니다. 그들은 2차 방정식이나 연립 방정식의 해법도 알고 있었고, 그들의 산술은 60진법을 기초로 하고 있었습니다. 이것은 큰 수를 다루기에 적합해서 이를 통해 별의 운행에 관한 계산이 발달할 수 있었습니다.

- 사회적 요구
- 계속된 노력과 장기 투자
- 높은 수준의 수학

위의 세 가지가 바빌로니아의 천문학을 지탱하고 있었습니다. 이것이 과학 발전에 중요한 조건이라는 것은 오늘날에도 변함이 없습니다. 바빌로니아 천문학의 높은 수준은 행성의 운동을 이해한 깊이만 봐도 알 수 있습니다. 1년을 주기로 같은 움직임을 반복하는 태양이나 항성의 운동과 비교하면 행성의 운동은 상당히 복잡합니다. 원래 행성이라는 이름은 그리스어로 '헤매다'는 의미의 '플라나오planao'에서 유래했습니다. 지구나 그 외의 행성은 타원 궤도를 그리며 태양 주변을 돕니다. 그러나 각각의 공전 주기가 다르기 때문에 행성의 운동을 지구에서 관측하면 복잡하게 보입니다.

물론 바빌로니아 시대에는 이 사실을 몰랐습니다. 바빌로니아의 천문학자들은 수 세기에 걸쳐서 쌓아올린 막대한 기록을 바탕으로 행성의 운동을 계산했습니다. 그 결과 금성이 8년, 화성이 47년, 토성이 59년 주기로 운동한다는 것을 알아냈습니다. 이런 천체의 기록은 국가기밀로 다뤄졌고 왕의 권위를 유지하는 데 핵심적인 역할을 했습니다.

바빌로니아와 그리스의 천문학이 만나 이룬 발전

한편 바빌로니아보다 늦게 문명이 발달한 그리스에서는 대수학이 아니라 기하학을 이용해서 우주를 이해하는 방식이 발달했습니다. 예를 들면 지구가 구형이라는 사실도 상당히 일찍 알고 있었습니다. 기원전 4세기의 아리스토텔레스는 《천체론》에서 월식이 지구의 그림자라고 설명했습니다. 지구의 그림자가 둥글기 때문에 지구의 모양이 구형일 것이라고 이해했습니다.

아리스토텔레스로부터 약 100년 후에 활약한 에라토스테네스가 기하학을 이용해서 지구의 둘레를 정확하게 측정한 것은 앞에서 설명한 바가 있습니다. 그리스 사람들은 지구의 모양이나 크기를 탐구하는 것뿐만 아니라 행성의 불가사의한 운동도 기하학적 모델로 설명하려고 했습니다. 그리스의 천문학은 바빌로니아처럼 왕권 유지를 목적으로 한 것이 아닌 자유 시민의 호기심과 탐구심을 통해 발달했습니다. 단 이런 발전이 막대한 노예의 노동에 의해 이뤄졌다는 것을 잊어서는 안 됩니다. 고대 그리스는 수많은 도시 국가로 나뉘어서 싸우고 있었기 때문에 정치는 항상 불안했습니다. 이 때문에 바빌로니아처럼 오랫동안 계속해서 천체를 관측하고 기록할 수 없었습니다.

바빌로니아의 천문학은 풍부한 데이터 덕분에 높은 예측력을 자랑했지만 그리스 사람들처럼 기하학을 이용한 장대한 우주의 모습을 그릴 수는 없었습니다.

이 책의 제1부에서 이론 물리학자에도 슈윙거나 다이슨과 같은 대수학 타입과 파인만으로 대표되는 기하학 타입이 있다고 말했습니다. 고대 천문학에서도 대수학 타입의 바빌로니아와 기하학 타입의 그리스가 있었던 것입니다.

각각의 장단점이 있는 두 개의 천문학은 알렉산드로스 Alexandros 국왕이 그리스에서 중앙 아시아로 펼쳐지는 제국을 건설하는 과정에서 만났습니다. 이후 3세기에 걸친 헬레니즘 Hellenism 시대에 고대 오리엔트 문화와 그리스 문화가 섞이게 되는데 이때 그리스 사람들은 정확한 데이터를 가진 바빌로니아 천문학을 접했습니다. 이를 계기로 천문학은 크게 발전하게 됩니다. 기원전 2세기에 등장한 히파르코스 Hipparchus는 바빌로니아에서 몇 세기에 걸쳐 축적된 월식의 기록을 이용해 정밀한 기하학의 모형을 만듭니다.

그리고 이로부터 3세기 후에 행성의 운동을 포함한 우주의 통일 이론을 완성시킨 사람이 프톨레마이오스 Ptolemaeos입니다. 천동설을 대표하는 천문학자였기 때문에 현재는 부정적으로 회자되기도 합니다. 그러나 그가 바빌로니아와 그리스의 천문학을 합해서 그린 우주의 모양은 기하학적으로 장대하고 아름다웠으며 다른 예측에 비해 정확했습니다. 프톨레마이오스의 대표 저서 《알마게스트 Almagest》는 코페르니쿠스로 비롯되는 지동설이 등장하기까지 1400년 동안 서양 우주상을 지배했습니다.

천문학의 역사가 우리에게 알려준 것은 과학이 진보하는 데에는 시간이 걸린다는 것입니다. 천체의 움직임을 이해하기 위해서는 700년 이상에 걸친 바빌로니아의 천체 관측 기록이 중요했습니다. 자연계의 진리를 탐구하기 위해서는 오랜 시간 동안 인내심이 필요합니다. 또한 사고방식이나 환경의 다양성도 중요합니다. 왕권에 의해 오랫동안 지배되고 있었던 대수학 타입의 바빌로니아 천문학과 시민의 자율적인 탐구심에 의한 기하학 타입의 세계상을 구축한 그리스의 천문학이 합해져 우주를 보다 정확히 예측할 수 있는 이론이 탄생한 것입니다.

'12세기 르네상스'에서 과학 부흥이 시작되다

고대 그리스의 문명을 계승한 고대 로마 시대에는 기초과학의 독창적인 진보는 별로 보이지 않았습니다. 실천과 실리를 중시하는 로마인은 콘크리트 문명에 필요한 공학적 기술이나 로마법을 위한 법 체계를 정비하는 데 힘을 쏟았습니다.

로마 제국의 붕괴로 고대 과학이나 철학은 유럽 세계에서 사라졌습니다. 알렉산드리아의 대도서관의 장서도 흩어져 사라졌습니다. 다행히 그 일부가 아라비아어로 번역되어 아바스 왕조가 바그다드에 설립한 '지혜의 집'과 이베리아 반도의 코르도바를 수도로 삼은 후 우마이야 왕조의 궁정 도서관에서 되살아났습니다.

이것이 재발견되고 부활한 계기는 15세기 이탈리아에서 시작된 르네상스라고 알려져 있지만 유럽에서 과학이 부흥하기 시작한 것은 좀 더 이전 시대였습니다.

사실 서양사에서 '르네상스'라고 불리는 시대는 세 개로 볼 수 있습니다.

15세기에서 16세기에 걸친 이탈리아 르네상스는 그중 마지막에 속합니다. 그 특징은 고대 그리스나 로마의 미술과 문예 등의 고전의 미를 재발견하여 고대를 초월한 창조적 예술을 낳은 것입니다. 이것은 신을 중심으로 보는 기독교의 세계관에서 인간을 해방시키고 개인을 존중하는 근대 사회의 시작이기도 했습니다. 그러나 과학사적 관점에서는 오히려 발전이 더뎠던 시대입니다. 그 후에 찾아온 17세기의 과학 혁명을 위한 과도기로 여겨집니다.

세 개의 르네상스 중 가장 먼저 일어난 것이 8세기부터 9세기에 걸친 카롤링거 르네상스입니다. 카롤링거 왕조의 시조인 피핀 3세의 장남 샤를마뉴 대제는 고대 로마 제국 멸망 후 분열된 유럽을 재통일하고 신성 로마 제국의 초대 황제가 됩니다. 제국 전체를 통치하는 조직이 없었기 때문에 교회가 그 역할을 하도록 만든 샤를마뉴 대제는 정신적 기둥이 될 기독교 교회의 문화 수준을 향상시킬 필요가 있다고 생각했습니다. "또 하나의 언어를 배우는 것은 또 하나의 혼을 얻는 것이다"라는 말을 남긴 것으로도 알 수 있듯이 샤를마뉴는 국제적인 안목을 가진 사람이었습니다. 그는 잉글랜드의 수도승 알퀸을 궁으로 초빙해서 힘겹게 이어지고 있던 고전 문화의 부흥을 목표로 삼았습니다. 유럽 각지에 건설된 수도원은 교육 제도 확립에 기여했습니다. 샤를마뉴 대제가 고전 문화를 위해 한 노력이 카롤링거 르네상스였던 것입니다. 독창적인 사상이나 예술을 낳지는 않았지만 유럽의 교육 수준을 높이고 훗날의 발전의 기초가 되었습니다.

이렇게 제1차 카롤링거 르네상스는 교육을 이끌었고 제3차 이탈리아 르네상스는 예술을 부흥시켰습니다. 그리고 고대 그리스 과학의 부흥은 제2차 '12세기 르네상스'를 통해 일어났습니다.

기독교를 기반으로 하는 나라가 이슬람 세력으로부터 이베리아 반도를 되찾으려는 '재정복' 운동을 통해 11세기부터 12세기에 걸쳐 서방 이슬람 문화의 중심지였던 톨레도와 코르도바를 탈환합니다. 그러자 그때까지 잊고 있었던 그리스 철학과 과학이 유럽으로 마치 봇물이 터지듯 들어왔습니다.

한편 이탈리아 남부에서도 동로마 제국의 용병이었던 노르만인들이 시칠리아섬을 지배하고 있던 이슬람 교도를 타도하고 시칠리아 국왕을 세웠습니다. 이슬람 문화, 동로마 제국의 비잔틴 문화, 서유럽의 기독교 문화가 섞인 팔레르모에서는 콘스탄티노플의 도서관에 있던 고대 그리스 문헌의 아라비아어 사본을 라틴어로 번역했습니다.

12세기의 유럽 사람들은 압도적으로 높은 수준의 이슬람 문명에 둘러싸인 환경을 자각하고 지적 호기심으로 이것을 맹렬히 흡수하기 시작합니다. 이는 300년의 쇄국 끝에 서양 문명을 흡수해서 메이지 유신을 맞이한 일본인과 같은 상황이었다고

볼 수 있을 것입니다. 이것이 과학사에서 중요한 '12세기 르네
상스'입니다.

대학과 대학 교수가 탄생한 12세기

유럽에서 현재의 대학과 이어지는 고등 교육 시스템이 탄생
한 것이 12세기입니다.

그전까지 유럽에서는 교회와 수도원에 소속된 학교, 즉 '스
콜라schola가' 학문의 중심이었습니다. 신학자와 철학자가 쌓은
학문 형식을 '스콜라학'이라고 합니다. 스콜라는 그리스어로
휴식을 의미하는 '스콜레skole'에서 유래된 것인데 영어 '스쿨
school'의 어원입니다. '휴식'을 자유롭게 쓸 수 있는 시간이나
도움이 되지 않는 논의를 하는 장소라는 의미를 바탕으로 자유
로운 학문을 할 수 있는 장소라는 뜻이 되었습니다. 학교란 도
움이 되지 않는 학문을 자유롭게 탐구하는 장소였던 것입니다.

12세기 말 교육 내용에 큰 변화가 생겼습니다. 고대 그리스
의 철학자 아리스토텔레스의 논리학 저서 《오르가논》이 발견
되어 중세 유럽 논리학의 기초가 된 것입니다. 법학과 신학에
서도 그렇지만 모든 학문에는 논리적인 사고를 빼놓을 수 없습
니다. 이 때문에 논리학을 다룬 아리스토텔레스의 책을 학문의
기반으로 하게 된 것입니다.

10세기부터 13세기에 전 세계의 기온이 상승하는 이른바

'중세 온난기'가 있었습니다. 이러한 기후 변동은 세계 각지에 큰 영향을 끼쳤습니다. 중남미에서는 고대 마야 문명의 붕괴 원인 중 하나였고 중앙아시아에서는 몽골 제국의 급속한 확장의 배경이 되었다고 합니다. 한편 유럽은 온난한 기후와 충분한 강수량, 철제 농기구의 보급과 농업 기술의 발달로 식량 생산력이 향상됐습니다.

농업에 종사하지 않아도 되는 인구가 증가하자 로마 제국이 멸망하면서 쇠퇴했던 상업이 부활하고 유럽 각지에 도시가 생겨났습니다. 프랑스 파리에서는 도시의 자유로운 분위기에서 교회의 부속 학교 교원들이 권력자의 개입에 대항하는 조합을 결성했습니다. 조합에서는 교원이 강의를 할 때마다 학생으로부터 보수를 받는 구조가 형성되었습니다. 같은 무렵 이탈리아의 볼로냐와 영국의 옥스퍼드에서도 대학이 탄생했습니다. 대학은 학문에 대한 유럽의 태도를 혁신했습니다. 그때까지 교회의 한정된 지적 활동이 대학이라는 열린 장소를 통해 이뤄지게 된 것입니다.

'대학 교수'라는 자격도 확립되었습니다. 리버럴 아츠 7과목을 학예부에서 배우고 이어서 신학, 의학, 법률학의 3과목의 실학 공부를 마치면 심사를 받고 대학 교수의 자격을 가지게 됩니다. 학생에게 수업료를 받기 위해 교사의 자질을 관리하기 위한 것이었습니다. 지금도 유럽의 많은 나라에서는 대학 교수가 되기 위해서 박사 학위를 취득한 다음 대학 교수 면허를 받아야 합니다.

대학 교수 면허는 국경을 초월해서 통용되는 자격이었습니다. 예를 들면 파리 대학교에서 면허를 받으면 볼로냐 대학교나 옥스퍼드 대학교에서도 학생을 가르칠 수 있었습니다. 이것으로 지식인들이 국제적으로 활약할 수 있게 되었고 학문의 표준화가 진행되면서 국가 간의 교류가 촉진되었습니다. 이를테면 나중에 활약하는 13세기의 토마스 아퀴나스Thomas Aquinas는 나폴리 대학교를 졸업하고 파리 대학교의 도미니코 수도회가 설립한 학교의 교수가 되었는데 수도원에서 보수를 받았기 때문에 학생이 수강료를 신경 쓰지 않고 연구에 집중할 수 있는 좋은 환경이었습니다. 아퀴나스는 그 후 나폴리에 초빙되었습니다. 또한 로마 교황 부속의 신학자가 됨과 동시에 도미니코회가 설립한 학교의 교수도 겸임해서 로마에서 살았습니다. 이후 다시 파리 대학교로 돌아가《신학대전》을 집필합니다. 노년에는 도미니코회의 신학 대학교를 설립하기 위해 나폴리에 가서 사상을 집대성하는 데 힘을 쏟습니다. 현대 사회에는 아퀴나스와 같은 국제적 지식인이 많이 있지만 이는 거슬러 올라가 12세기 대학에서 처음 탄생한 것입니다.

당시는 라틴어가 국제적 지식인들의 공통어였습니다. 이 전통은 지금도 유럽과 미국의 교육에 남아 있는데 딸아이가 중학교에서 선택한 제2외국어도 라틴어였습니다. 고등학생이 된 딸이 수업 시간에 키케로가 로마 공화국 말기에 쓴《카틸리나 탄핵》을 원문으로 읽는 것이 부러웠습니다.

파리의 5구와 6구에 걸쳐서 '카르티에라탱Quartier latin'이라는 지명이 있는데 일본에도 잘 알려져 있습니다. 이것은 '라틴어 지구'라는 뜻으로 중세 파리 대학의 학자들이 라틴어로 이야기를 나누었기 때문에 생겨난 이름이라고 합니다. 파리 사람들이 유럽의 지적 네트워크의 중심이던 이 지역들에 '카르티에 라탱'이라는 이름을 붙인 건 12세기부터 계승되고 있던 문화적 전통을 의식했기 때문이라고 생각했습니다.

기독교적 세계관이 받은 충격

12세기에 대학을 중심으로 부흥한 유럽의 학술은 13세기에 들어가서 큰 위기를 맞았습니다. 《오르가논》 이외의 아리스토텔레스의 저작물이 많이 발견되었기 때문입니다. 당시의 지식인들은 이에 큰 충격을 받았습니다.

아리스토텔레스의 학문적 관심은 논리학만이 아니라 형이상학이나 자연학에서부터 정치, 논리, 심리학 그리고 문학과 연극으로까지 뻗어 있었습니다. 게다가 이 중에는 중세 유럽을 지배했던 기독교적 세계관과 맞지 않는 것이 있었습니다. 이성과 논리를 기초로 한 자연관을 제시하는 형이상학이나 자연학이 기독교의 사고방식과 정면으로 대립했던 것입니다.

아리스토텔레스의 논리학은 이미 12세기부터 유럽의 고등교육의 중심이었습니다. 기독교의 세계관과 맞지 않는다고 해서 이런 학문을 틀렸다고 간단하게 무시할 수 있는 것은 아니었습니다. 아리스토텔레스를 부정하면 12세기부터 쌓아올린 교육과 학술의 성과를 뿌리부터 뒤엎는 셈이 되기 때문입니다.

아리스토텔레스가 방대한 저술 속에서 제시한 우주관은 당시 기독교도들에게는 받아들이기 어려운 개념이었지만 논리 정연하고 설득력이 있었습니다. 1600년이라는 시간을 넘어서 고대 그리스의 철학자로부터 중세의 유럽 지식인들이 도전장을 받은 셈입니다.

고대 그리스인들은 이성을 중시했습니다. 아리스토텔레스는 《정치학》에서 "동물들 중에서 로고스(언어, 이성)를 가지고 있는 것은 인간뿐이다"라고 강조했습니다. 하지만 《구약성서》에서 지혜의 열매를 먹은 아담과 이브가 에덴동산에서 쫓겨났던 것처럼 기독교에서는 지혜를 가지는 것이 인간의 원죄라고 생각했습니다. 《신약성서》에도 예수에게 신의 아들이라는 증거를 요구한 바리새인들에 대해서 "신을 잊어버린 시대의 사람"이라고 비난하는 장면이 세 곳이나 있습니다.

미국에 있으면 지금도 기독교에 이런 '반지성주의'적 측면이 남아 있다는 것을 느낄 때가 있습니다. 특히 기독교 원리주의자 가운데는 합리적 사고법에 반감을 가지는 사람이 적지 않습니다. 《뉴욕 타임스》와 같은 신문의 사설에서 아무리 논리적으로 주장을 해도 이것을 잘 듣지 않습니다. 사설의 내용이 문제가 되는 것이 아니라 높은 교육을 받은 사람들이 똑똑한 체하는 '약은 말투'라고 하면서 반발의 대상이 되기도 합니다.

지금도 이러한 모습이 남아 있는데 기독교가 지배하고 있던

13세기의 유럽 사람들에게 아리스토텔레스의 세계관이 주는 충격은 상당히 컸을 것이라고 짐작할 수 있습니다. 고대 그리스 철학에서 근대 과학의 성립까지를 그린 야마모토 요시타카의《과학의 탄생》에는 당시의 모습이 다음과 같이 서술되어 있습니다.

"아리스토텔레스는 자연이 이성적이고 합리적인 논증으로 탐구되고 해독되어야 하는 대상이 라는 것을 시사했다."

"사실을 총체적으로 파악하는 개념과 논리(자연을 이해하기 위한 원리)를 제공하면 자연과 마주하는 자세와 자연에 대한 시선 그 자체를 바꾸는 것이다."

이성과 기독교를 양립시킨 토마스 아퀴나스

아리스토텔레스의 많은 저서를 발견한 것은 13세기 기독교에 심각한 위기를 가져왔습니다. 이것을 해결하는 데 큰 역할을 한 사람이 앞에서 등장한 토마스 아퀴나스입니다. 13세기에는 일본에서도 신란親鸞, 니치렌日蓮, 도겐道元 등의 종교적 천재가 출현했습니다. 같은 시기 유럽의 기독교에서는 토마스 아퀴나스가 큰 변혁을 가지고 왔습니다.

파리 대학교의 신학부 교수였던 아퀴나스는 이성을 기초로 하는 아리스토텔레스의 합리적인 세계관과 기독교의 신비주의

적 가르침을 양립시키려고 노력했습니다. 그때까지의 기독교는 신의 신비성을 맹목적으로 믿는 것만 요구해왔습니다. 그러나 아퀴나스는 종교적 신비가 이성으로 이해했을 때 보다 깊게 인간의 마음에 뿌리내린다고 주장했습니다. 이것이야말로 신의 뜻이라는 것입니다.

물론 종교적인 신비에는 이성으로 증명하거나 반박할 수 없는 것도 있습니다. 모는 것을 논리적으로 설명할 수 있는 것이 아니기 때문에 아퀴나스의 해결법에는 한계가 있었습니다. 하지만 아퀴나스는 기독교적 세계관에서 아리스토텔레스의 이성이 긍정적인 역할을 할 수 있도록 조율했습니다. 이를 통해 논리를 존중하고 개념을 엄밀히 다루며, 대립하는 사고의 모순을 명확하게 함으로써 보다 깊은 진리에 다가가고자 하는 사고가 스콜라학파의 주류가 되었습니다.《과학의 탄생》에서 아퀴나스의 공적을 다음과 같이 표현하고 있습니다.

"자연적 이성에 의해 인식되는 철학적 진리가 자연이라는 범위 안에서는 모순되지 않고 신앙에 조화롭게 포섭될 수 있다는 아퀴나스의 관점은 결과적으로 이성이 자율적으로 활동할 수 있는 영역을 보장하게 되었다."

"신학적 동기에서 벗어나 자연을 그 자체로 합리적으로 연구하는 방법을 사실상 용인하는 것이었다."

기독교 교회는 아리스토텔레스의 학문을 이단시했습니다.

그러나 12세기 르네상스에 의해 고대 그리스 로마의 멋진 문화를 접하면서 지적 호기심에 불타오른 교사와 학생의 마음을 억누를 수 없었습니다. 이와 함께 아퀴나스의 영향으로 13세기에는 아리스토텔레스의 자연 철학이나 형이상학의 연구도 허용되었습니다. 이런 경향이 원래 기독교 안에 있었던 통일의 지향과 이어져서 아리스토텔레스의 체계에 기초를 둔 통일적인 세계관과 우주관이 구축되었습니다. 아리스토텔레스의 체계가 기독교의 정통적인 사고방식이 된 것입니다.

기독교의 정통이 된 아리스토텔레스의 자연 철학은 14세기 이후 새로운 과학에 의해 타도의 대상이 되었습니다. 이를테면 지구가 태양의 주변을 돌고 있다고 주장한 조르다노 브루노 Giordano Bruno가 교회로부터 이단으로 간주되어 화형을 당했습니다. 지동설을 주장한 갈릴레오도 종교 재판에서 유죄 판결을 받았습니다. 이런 우여곡절이 있었음에도 우리가 자연에 대한 이해가 깊어지게 된 것은 토마스 아퀴나스가 인간의 이성에 대한 가치를 견고히 해주었기 때문입니다. 이것이 과학을 발전시키는 데 중요한 기반이 되었습니다.

대학의 죽음 그리고 부활

12세기에 탄생한 유럽의 대학은 14세기에 그 형태를 거의 완성합니다. 그런데 이후 수 세기 사이에 대학은 유럽에서 학문의 창조적 중심지라는 지위를 잃어버렸습니다. 그 요인 중 하나가 15세기에 요하네스 구텐베르크Johannes Gutenberg가 발명한 활판 인쇄술입니다.

현대 사회에서는 소셜 네트워크 서비스Social Network Service, SNS의 발달로 텔레비전, 신문, 서적, 잡지 등의 기존 미디어가 힘을 잃어가고 있습니다. 이와 마찬가지로 15세기에는 인쇄 미디어의 등장이 대학에 영향을 끼쳤습니다. 이제까지는 유럽에서 대학이 유일한 지적 네트워크였습니다. 그런데 대량의 인쇄물은 또 다른 지적 네트워크를 만들어냈습니다. 대학이라는 곳에 속하지 않아도 지적 생산과 계승이 가능해진 것입니다. 실제로 이 시대에 활약한 데카르트, 파스칼, 라이프니츠도 대학 교수가 아니었습니다. 이런 변화에 따라 대학은 오로지 귀족 자제를 위한 교육 기관이 되었고 이외 교육은 각지의 유력자나 계몽 군주에 의해 설립된 '아카데미'가 담당하게 되었습니다. 이 시기 대학의 모습을 요시미 슌야吉見俊哉의 《대학이란 무엇인가》에서의 표현을 빌려 설명해보면 "유럽의 대학은 여기서 한번 죽었다"입니다.

그 후 19세기에 대학이 부활한 계기가 있었는데 프로이센 왕국이 나폴레옹 군에게 군사적으로 패배를 한 사건이었습니다. 프랑스를 승리로 이끈 것은 나폴레옹의 수완만이 아니었습니다. 프랑스 혁명 이후의 국가 재건을 위해서 프랑스는 고등 교육을 정비하고 있었습니다. 리버럴 아츠 교육을 목적으로 하는 기존의 대학에서는 고도의 전문 지식이나 기술을 가진 인재를 육성할 수 없다고 생각하여 국가가 중심이 되어서 엘리트 양성을 목적으로 하는 그랑제콜Grandes Écoles(고등교육기관)을 설립했습니다.

나폴레옹에게 패하고 영토와 인구의 절반을 잃은 프로이센의 관료들은 그랑제콜이 프랑스의 국력을 높였다고 생각했고 자신들의 고등 교육 방식에 위기감을 가졌습니다. 그때 그들이 관심을 가진 것이 빌헬름 폰 훔볼트가 제창한 대학 개혁입니다.

훔볼트가 생각한 대학의 목적은 단순히 지식을 가진 국가의 '하인'을 양성하는 것이 아니었습니다. 그는 지식을 배우는 것만이 아니라 새로운 지식을 발견하고 지식을 진보시키기에 필요한 기술을 익혀서 자율적인 인재를 육성하는 것이 대학의 목적이라고 주장했습니다. 이런 교육과 연구를 통합한 근대적 대학의 비전을 '훔볼트 이념'이라고 합니다.

프로이센은 이 훔볼트 이념을 기초로 대학을 개혁했습니다. 그때까지 교육이 중심이었던 대학에 실험실이 설치되었고 세미나가 도입되었으며 학생도 연구에 참여할 수 있도록 했습니다. 이미 확립된 지식을 배우는 것뿐만 아니라 새로운 지식을 만들어가는 장으로서 대학을 재탄생시킨 것입니다.

훔볼트 이념을 기초로 한 독일의 대학으로 세계 각지에서 유학생이 모여들었고, 곧 이 시스템은 유럽과 미국의 고등 교육을 넘어섰습니다. 독일의 대학 제도가 프랑스의 그랑제콜을 능가해 국제적 기준이 된 것입니다. 이것이 19세기 후반에서 20세기 초반까지의 독일의 성공을 뒷받침했습니다. 역사적 사명을 다한 것처럼 보였던 대학이 이렇게 부활했습니다.

공학부 탄생과 대학 역할의 변화

19세기에 대학의 역할과 특징에 큰 영향을 미친 또 다른 변화가 있는데 바로 공학부의 탄생입니다.

원래 리버럴 아츠를 가르치는 학예부와 실학을 가르치는 의학부, 신학부, 법학부로 이루어진 중세의 대학은 기술자를 양성하는 장이 아니었습니다. 산업 혁명 이전에는 생산에 필요한 기술은 도제 제도로 전해졌습니다.

산업 혁명으로 과학과 기술의 관계는 크게 바뀌었습니다. 최신 물리학이나 화학 등 자연과학의 지식과 수학의 방법이 눈에 띄게 도움이 되었습니다. 예를 들면 효율이 좋은 증기 기관을 만들려면 물리학의 지식이 필요합니다.

최신 과학의 성과를 생산 기술에 응용하려면 기술자에게도 고도의 과학 및 수학 지식이 필요했습니다. 이 때문에 대학에 공학부가 설치된 것입니다.

그 후 유럽과 미국은 공학부에서 개발한 최신 기술과 고도로 교육을 받은 기술자가 부의 창출과 군사력에 대단히 중요하다는 것을 깨닫게 되었습니다. 그 결과 큰 실험 시설 등이 필요해진 대학을 위해 정부가 적극적으로 자금을 제공했습니다. 이것이 사회에서 대학의 역할에 변화를 가져왔습니다. 그때까지의 대학은 국가와 독립된 조직으로 유럽 전체에 퍼진 지적 네트워크를 공유하며 지식을 자유롭게 탐구하는 것이 목적이었지만 국가가 자금을 지원하는 대가로 대학에 개입하면서 사회에 공헌이 되는 성과를 내야 했습니다.

메이지 유신으로 일본이 유럽과 미국으로부터 대학 제도를 들여온 것도 바로 이 무렵이었습니다. 1886년 제국 대학이 창립되자 이제까지 일본 공부성의 부속기관이었던 공부대학교를 흡수해서 공학부가 개설되었습니다. 당시 유럽과 미국에서는 이미 기술자 양성을 위한 고등 전문 학교가 탄생했습니다. 무라카미 요이치로村上陽一郎의 《공학의 역사와 기술의 윤리》에 의하면 세계에서 최초로 종합 대학에 공학부를 개설한 곳이 일본의 제국 대학이었다고 합니다. 산업 혁명 이후 대학 제도를 수입한 일본에서는 부의 창출과 군사력 증대가 처음부터 대학 설립의 목적 중 하나였던 것입니다.

목적 합리성과 가치 합리성

지금까지 대학 발전의 역사를 되돌아보았습니다. 카롤링거 르네상스 때 수도원 부속 학교에서 행해졌던 라틴어 교육은 12세기가 되자 대학이 담당하게 되었습니다. 국제적 지식인으로서 대학 교수라는 직업도 생겨났습니다. 또한 13세기의 토마스 아퀴나스의 노력으로 기독교가 지배적이었던 중세에 자연의 구조를 이성의 힘으로 탐구하는 일이 가능하게 되었습니다. 그리고 훔볼트 이념에 의해 새로운 지식을 발견하거나 지식을 진보시키기 위해서 필요한 기술을 익히고 자율적인 인재를 육성한다는 대학의 사명이 명확해졌습니다. 한편 19세기 후반에는 공학부가 탄생했는데 대학은 국가로부터 자금을 받는 대가로 사회에 도움이 되는 인재를 육성하고 이과계에 실용적인 학문을 진흥시켜야 했습니다.

유럽 대학에 오랫동안 머물다보면 가끔 12세기에 탄생한 대학과 현재의 대학이 연결되어 있다고 느낄 때가 있습니다. 대학은 자유롭게 학문을 하는 곳이고 진리의 탐구 그 자체에 가치가 있다는 것이 유럽 지식인의 공통된 인식으로 자리잡고 있는 것 같습니다.

이와 같은 발전의 역사를 딛고, 21세기의 대학은 어떤 모습이어야 할까요?

현대 대학의 교육이나 연구의 의미를 생각하는 데 도움이 되는 개념이 있습니다. 19세기 말부터 20세기 초에 활약한 사회학자 막스 베버가 생각한 '목적 합리적 행위'와 '가치 합리적 행위'입니다. 베버의 《사회학의 기초 개념》에 따르면 사회 속에서 인간의 행위는 네 가지 유형으로 분류됩니다. 먼저 감정을 동기로 하는 '감정적 행위'와 습관적으로 행하는 '전통적 행위' 외에 두 종류의 합리적 판단에 의한 행위가 있습니다. 바로 그 두 행위가 '목적 합리적 행위'와 '가치 합리적 행위'입니다.

'목적 합리적 행위'는 무언가 미리 설정된 목적에 가장 효율적으로 도달하기 위해서 합리적으로 선택한 행위를 말합니다. 이를테면 도쿄에서 로스앤젤레스까지 단시간에 이동할 목적으로 항공기를 개발하는 것이 목적 합리적 행위입니다. 또한 항공기에 보다 많은 사람을 태우기 위해서 항공사가 예약 시스템을 고안하는 것도 목적 합리적 행위입니다. 이에 비해 '가치 합리적 행위'는 행위 자체의 가치를 위해서 행하는 것입니다. 물리학 연구가 그 대표적 예입니다. 물리학자는 자연계의 기본 법칙을 발견하거나 이것을 이용하여 자연 현상을 설명하는 행위 자체에 가치가 있다고 생각하며 연구합니다.

대학에서의 연구도 베버가 말하는 사회적 행위라고 한다면 공학부의 활동은 완전히 목적 합리적 행위이며 이학부나 인문계 학부의 활동의 대부분은 가치 합리적 행위라고 분류할 수 있습니다. 인문계 학부에서도 실학적인 측면이 있는 법학부, 경제학부, 교육학부 등의 활동 속에는 목적 합리적이라고 할 수 있는 점도 있습니다.

나의 소립자론 연구 같은 것은 가치 합리적 행위입니다.

그래서일까요. 제 딸은 사회에 직접적으로 도움이 되는 과학을 공부하고 싶다면서 코넬 대학교의 공학부에 진학해 정보 과학과 운용과학을 배우고 있습니다. 2020년 3월 신형 코로나 바이러스 감염증이 전 세계에 유행하여 코넬 대학교 기숙사도 학생들을 급하게 집으로 돌려보내야 하는 상황이었습니다. 딸은 대학이 세운 클럽의 최고 기술 책임자를 맡고 있어서 학생 수천 명의 짐을 집으로 보내는 시스템을 개발하는 데 대학 본부와 5000만 엔 정도의 금액으로 계약을 체결했습니다. 기숙사가 급하게 문을 닫으면서 준비 기간이 얼마 없었기 때문에 파격적인 계약을 한 것입니다. 운용과학 수업에서 배운 알고리즘을 이용해 웹 페이지에서 학생들의 정보를 모으고 짐을 모아 배송을 하기까지의 일련의 과정을 수행할 수 있는 프로그램을 개발했습니다. 이 책의 제1부 '전쟁 협력에 대한 갈등'에서 서술한 바와 같이 운용과학은 전쟁 때 최전선 부대에 자료를 보내기 위해서 시작된 학문입니다. 학생들의 짐을 기숙사에서 집으로 보낼 때도 응용할 수 있습니다. 학생들의 짐을 모으고 발송하는 시스템을 완성시키고 딸도 짐을 챙겨 집으로 돌아왔습니다. 이것은 목적 합리적 행위의 전형적인 예라고 할 수 있습니다.

공학부의 목적 합리적 연구 중에는 대학이기 때문에 가능한 것이 많이 있습니다.

2019년 제가 자수포장을 받을 때 다른 수상자의 책을 읽고 전달식에 참여했습니다. 이때 본 책 중 하시모토 가즈히토橋本和仁 교수의 책《민들레가 전지가 된다!》에는 이런 이야기가 있었습니다. 하시모토 교수는 태양광에서 물을 분해해서 산소와 수소를 만드는 광촉매를 연구하고 있었습니다. 이것을 인공 광합성이라고 하는데 이 연구가 성공하면 에너지 문제가 해결됩니다. 그런데 이 방법은 에너지 효율이 나빠서 활용할 수 없다는 것을 알았습니다. 자신이 평생 해온 연구가 현실에 도움이 되지 않는다는 것을 알게 된 하시모토 교수는 낙담했습니다.

그런데 우연한 기회로 다른 응용이 발견되었습니다. 이 광촉매는 유기물을 분해하므로 이것을 코팅하면 오염을 분해하거나 미생물을 활성화시키지 못하게 할 수 있습니다. 이것은 항균이나 오염 방지에 효과가 있는 제품 개발로 이어질 수 있었습니다. 실패를 성공으로 바꾼 멋진 발견이었습니다. 연구의 목표를 자유롭게 선택할 수 있는 대학이기 때문에 가능한 이야기라고 생각합니다.

공학부의 목적 합리적 교육이나 연구에서는 무엇이 어떤 역할을 할지 알 수 있기 때문에 대학의 활동 안에서도 사회의 지원을 받을 수 있습니다. 그러나 사회의 자원이 한곳에 집중되면 반대로 큰 손실을 초래하는 일도 있습니다.

우리가 이런 사례를 통해 알 수 있는 건 무엇이 도움이 되는 일인지는 시간에 따라 바뀔 수 있다는 사실입니다. 이를테면 앞에서 목적 합리적 사례로 도쿄에서 로스앤젤레스까지 단시간에 이동하기 위한 항공기 개발과 항공기에 가능한 많은 사람을 태우기 위한 예약 시스템 개선을 이야기했습니다. 그런데 신형 코로나 바이러스 감염증이 만연하게 되자 단시간에 많은 사람의 이동을 위해 최적화된 항공 회사가 큰 타격을 입었습니다. 빠르게 이동하는 것에서 안전하게 이동하는 것으로 목적이 바뀐 것입니다.

이렇게 이미 주어진 목적을 효율적으로 달성하기 위한 목적 합리적 행위는 단기적으로 큰 이익을 낳을 수 있습니다. 그러나 가치의 축이 바뀌면 쓸모가 없어집니다. 이것을 대비하기 위해서 주어진 목적을 비판적으로 보고 새로운 가치를 만들 수 있는 능력이 중요합니다. 유럽 대학이 12세기부터 보편적 가치를 추구하고 몇백 년에 걸쳐 독립된 지위를 유지할 수 있었던 것은 이것이 가능했기 때문이라고 생각합니다.

바로 손에 잡을 수 있는 열매를 수확하기 위해서는

이 책의 제2부에서 어느 정도의 성과가 기대되는 연구만 하면 큰 발견을 할 수 없다는 이야기를 했습니다. 주식 투자의 포트폴리오와 마찬가지로 확실하게 결과를 얻을 수 있는 연구와 위험은 있지만 엄청난 성과를 기대할 수 있는 연구를 잘 조합하면 어렵지만 중요한 과제를 끈기 있게 해낼 수 있습니다.

이렇게 연구자의 연구 전략과 마찬가지로 과학 전체에 있어서도 폭넓은 포트폴리오가 중요합니다.

영어에는 'Low Hanging Fruit(바로 손에 닿는 열매)'라는 표현이 있습니다. 숲속에 열매가 많이 달린 나무가 있을 때 이것을 가장 먼저 발견한 사람이 아래쪽에 열린 열매를 쉽게 딸 수 있습니다. 그런데 좀 늦게 발견한 사람은 열매가 그보다 위에 있어서 사다리를 이용한다고 해도 조금밖에 가질 수 없습니다. 여기서는 투자의 이익을 열매에 비유하고 있습니다.

연구에 투자를 할 때 바로 손에 닿는 열매를 누구보다도 먼저 발견하기 위해서는 어떻게 해야 할까요? 큰 이익을 가져다주는 나무가 어디에 나타날 것인지는 예측할 수 없으므로 폭넓은 포트폴리오를 준비해서 망을 넓게 칠 필요가 있습니다. '선택과 집중'이라는 전략이 기초과학에 잘 맞지 않는 이유가 여기에 있습니다. 큰 진보가 일어나고 있는 분야를 일본 특유의 까다로운 절차로 거드름을 피우며 선택한다면 정작 그 선택에 집중할 때는 손에 닿는 열매가 하나도 없을 수 있습니다.

야마구치 에이이치山口栄一 교수가《혁신은 왜 끊겼는가ィノベーションはなぜ途絶えたか》에서 서술한 바와 같이 기초에서 응용으로 이어지는 연구에서 가치가 있는 지식을 창조하고 이것을 사회에 도움이 되게 하기 위해서는 다음과 같은 사람들의 연계가 중요합니다.

- 기초과학 연구자
- 연구에서 사회적·경제적 가치를 발견하는 사람
- 이런 연구와 혁신을 지원하는 사람

모두 창조적이며 최첨단 과학에 대한 깊은 이해가 필요한 일입니다. 그래서 야마구치 교수가 지적한 바와 같이 미국 연방 정부에서 세 역할을 맡은 과학 분야 행정관이 되기 위해서는 "박사 학위를 가지고 … 학술 논문을 집필하고, 강사·조교수 이상의 포지션의 경험"이 필요하다고 말했습니다.

이 책의 제1부에 등장하는 리켄의 오코치 마사토시 이사장이야말로 이를 통해 성공한 사람입니다. 오코치 이사장은 '진리의 발견'과 '경제적 가치의 창조' 둘 다 중시했습니다. 도모나가 신이치로가 노벨 물리학상 수상자가 될 수 있었던 기초 연구를 지원하고 동시에 리켄 비타민과 합성주, 알마이트 등의 제조 및 판매에도 힘을 기울였습니다. 오코치는 리켄의 이사장이 되기 전에는 도쿄 제국 대학교의 교수였으며 공학 박사 학위를 가지고 있습니다. 물리학이나 화학에도 조예가 깊어서 물리학자 데라다 도라히코寺田寅彦와 함께 탄환의 비행에 대한 유체역학적 연구를 한 적도 있습니다. 제2부에서 이야기한 박사 학위의 요건인 '인류의 지식을 자신의 연구에 의해 넓혀 과학의 진보에 가치 있는 공헌을 했다'는 경험이 있었기 때문에 무에서 유를 낳는 창조적인 일에 성공할 수 있었다고 생각합니다.

연구에서 단기적으로 사회의 도움이 되는 공학부의 목적 합리적 행위와 새로운 가치를 추구하는 이학부와 문학부의 가치 합리적 행위 모두 폭넓은 포트폴리오 안에서 각각 중요한 역할을 하고 있는 것입니다.

쓸모없는 지식의 쓸모

일견 아무런 도움이 될 것 같지 않은 호기심으로 달리고 있는 연구가 길게 보면 사회에 큰 이익을 가져다주는 예도 많이 있습니다. 그 이유는 무엇일까요?

이것을 생각하는 데 참고가 될 만한 책으로는 제2부의 '치열한 경쟁의 장인가, 자유로운 낙원인가'에 등장하는 고등연구소의 초대 소장인 에이브러햄 플렉스너의 《쓸모없는 지식의 쓸모》가 있습니다. 쓸모없는 지식이 쓸모가 있다는 말은 무슨 뜻일까요? 플렉스너는 일견 모순되어 보이는 제목의 의미를 다음과 같이 설명합니다.

"과학 역사에서 인류에게 유익함을 가져다준 중요한 발견은 대개 도움이 되기 위한 것이 아니라 자신의 호기심을 위해서 연구를 해온 사람들이 이루어낸 것이다."

"도움이 될 것 같지 않은 활동에서 탄생한 발견은 유익함을 목적으로 하는 일보다 무한하게 큰 중요성을 가질 수 있다."

제1부의 '과학의 발견은 선도 악도 아니다'에서 기초과학의 발견은 그것만으로는 어떤 실용성이 있는지 바로 알 수 없는 경우가 많다고 했습니다. 기초과학의 연구는 지적 호기심만으로 행하는 것이기 때문에 뭔가 미리 주어진 목적을 효율적으로 달성하기 위해 연구하지 않습니다. 플렉스너는 이런 연구가 "유익함을 목적으로 하는 일보다 더 중요할 수 있다"라고 말합니다.

"지적 호기심으로 수행하는 연구가 가장 도움이 된다"라고 주장하기 위해서 플렉스너가 든 사례 중 하나로 조지 이스트먼 George Eastman과의 대화가 있습니다. 이스트먼은 카메라 롤 필름을 발명해서 사진 용품을 제조하는 이스트먼 코닥사를 창업한 사업가입니다. 평생 독신으로 살았는데 대학 등에 현재의 화폐 가치로 2000억 엔 상당의 돈을 기부한 당시 최대의 독지가 중 한 사람이었습니다.

플렉스너는 "나의 재산을 유익한 학문 교육의 촉진을 위해서 쓰고 싶다"라고 말한 이스트먼에게 호기심을 좇는 고등과학연구소의 연구야말로 유익하다는 말을 하고 싶었던 모양입니다. 그는 이스트먼에게 "과학 분야에서 세계적으로 가장 유익한 연구를 한 사람이 누구라고 생각합니까?"라고 질문을 했는데 이스트먼은 그 자리에서 "마르코니"라고 답했습니다. 굴리엘모 마르코니Guglielmo Marconi는 20세기 초에 대서양을 횡단하는 무선 통신을 개발한 발명가입니다. 당시 라디오 방송이 막 시작된 때라서 이스트먼은 마르코니의 발명과 이것이 가지고 온 사회의 변화에 감명을 받았던 것 같습니다.

그러자 플렉스너는 "무선 라디오가 우리 생활에 크게 도움이 된 것은 맞지만 실제 마르코니의 공헌은 그렇게 크지 않습니다"라고 말했습니다. 오히려 진정한 공로자는 제임스 클러크 맥스웰James Clerk Maxwell이라고 했습니다. 이 말을 듣고 놀란 이스트먼에게 플렉스너는 다음과 같이 설명했습니다.

"19세기 초 마이클 패러데이Michael Faraday와 그의 연구 팀은 이제까지 전혀 다른 것이라고 생각했던 전기와 자석이 서로 관련이 있다는 것을 알아냈습니다. 예를 들어 자석을 움직이면 전류가 흐르며, 역으로 전류에서 자기를 유도할 수 있습니다. 맥스웰은 이런 전기와 자기의 현상을 깊이 생각하고 이 현상이 모두 한 쌍의 방정식으로 설명된다는 것을 발견했습니다."

"맥스웰의 방정식에 따르면 전기장이 변화하면 자기장이 생깁니다. 또한 자기장이 변화하면 전기가 발생한다는 것을 알 수 있습니다. 이것으로 새로운 현상을 예측할 수 있어요. 전기장이 자기장을 일으키고 그 자기장이 변화해서 전기장이 생깁니다. … 이렇게 전기장과 자기장이 연결되면 파도가 되어서 전해지죠. 마치 아이들 놀이에서 볼 수 있는 모습입니다. 한 아이가 허리를 굽혀서 말이 되고 다른 한 아이가 이를 뛰어넘고, 다음에는 뛰어넘은 아이가 말이 되고 다른 아이가 그 아이를 뛰어넘으면서 앞으로 나아가는 놀이에서 볼 수 있듯이 두 아이가 바로 전기장과 자기장이라고 할 수 있어요. 맥스웰은 이렇게 '전자파'를 예측했습니다."

맥스웰의 예측은 독일의 물리학자 하인리히 루돌프 헤르츠 Heinrich Rudolf Hertz에 의해 검증되었습니다. 대학생이었던 마르코니는 헤르츠의 논문을 읽고 전자파에 관심을 가졌고 이것을 통신에 응용을 한 것입니다.

플렉스너는 이스트먼에게 "마르코니와 같은 사람은 언제든 나타날 수 있습니다. … 법적으로 따지면 발명은 마르코니가 했지만 … 이는 기술적 응용일 뿐입니다. … 응용에는 관심이 없었던 헤르츠와 맥스웰의 성과를 솜씨 좋은 기술자가 가지고 와서 … 별로 공헌도 하지 않은 사람들이 명성과 거대한 부를 얻은 것입니다"라고 설명했습니다.

나는 플렉스너의 평가가 마르코니에게 좀 박하다고 생각했습니다. 앞의 절에서 말한 바와 같이 연구가 그 자체로 도움이 될지 아닐지 모르는 과학의 발견을 바탕으로 사회적·경제적 가치를 만들어서 이를 실용화시키는 일은 그 자체로서 창조적인 일입니다. 맥스웰이 예측하고 헤르츠가 발견한 전자파를 통신에 응용한 것과 이것을 실현한 마르코니의 일은 모두 중요한 일이라고 생각합니다.

그러나 맥스웰이 없었다면 마르코니의 발명도 없었을 것입니다. '음수사원飮水思源'이라는 고사성어가 있는데 '물을 마실 때는 우물을 판 사람을 잊어서는 안 된다'라는 의미입니다. 우리가 휴대전화를 사용할 때 잊어서 안 되는 사람은 마르코니도 스티븐 잡스도 아니고 우물을 판 맥스웰입니다.

맥스웰 방정식의 응용은 전자파에만 국한된 것이 아닙니다. 전기와 자기는 우리 주변의 거의 모든 자연 현상과 관계가 있기 때문에 이것을 이용한 기술에는 반드시 맥스웰 방정식이 등장합니다. 우리들의 생활을 지탱하는 전자 기술은 모두 이 방정식을 기초로 하고 있는 것입니다. 또한 생활에 도움이 되는 여러 새로운 물질도 맥스웰 방정식과 양자역학에 의해 발견되었습니다.

그러나 맥스웰은 이런 응용을 목표로 연구를 했던 것이 아닙니다. 우리 주변에 있는 전자기 이론의 응용은 맥스웰 시대에는 생각지도 못한 것이었습니다. 그는 오로지 자신의 탐구심에 이끌려서 전기와 자기의 현상을 통일적으로 설명하기 위해 이 방정식을 발견했던 것입니다. 그에게는 방정식 그 자체에 가치가 있었습니다. 이 발견은 가치 합리적 행위이었던 것입니다.

이러한 가치 합리적 행위를 보여주는 사례는 이 밖에도 많이 있습니다. 여러분이 아마존에서 쇼핑을 할 때 신용 카드의 정보를 인터넷으로 보내게 되는데 이때 신용 카드 정보가 노출되면 안 되기 때문에 암호화되어 있습니다. 이 암호화는 자연수를 소수로 분해하는 소인수 분해를 활용한 것입니다. 소수의 성질은 기원전부터 사람들의 관심을 끌었습니다. 고대 이집트의 파피루스에도 이미 소수에 대한 기록이 있었고 기원전 3세기에 편찬된 《유클리드의 원론》에서는 수의 기본으로 소수를 자세히 설명하고 있습니다. 인터넷 통신의 암호에 사용되고 있는 이론은 17세기의 수학자 피에르 페르마Pierre de Fermat의 '소정리Little Theorem'를 이용한 소수의 판정법입니다. 이것이 무엇인가는 필자의 저서 《수학의 언어로 세상을 본다면》의 제4장 '소수의 불가사의'에서 설명하고 있으므로 관심이 있다면 찾아보시기를 바랍니다. 유클리드나 페르마나 소수의 성질을 이해하는 것과 거기에서 가치를 찾고 탐구하여 여러 정리를 발견했습니다. 인터넷이 없는 시대였으니 암호에 응용되리라고는 생각지도 못했을 것입니다.

최근 일본의 풍조를 보면 잔재주처럼 보이는 기술 혁신을 장려하는 경향이 있습니다. 일상생활에서 우리 손에 잡히는 거의 모든 것이 과학의 성과로 개발되고 개선되었습니다. 여기서 더 발전하기 위해서는 기초에서 응용으로 이어지는 폭넓은 포트폴리오가 필요합니다. 혁신이 줄어들지 않도록 '도움이 되지 않는 연구'를 할 수 있는 대학이나 연구소의 역할이 크다고 생각합니다.

그렇다면 가치 합리적 행위에서 탄생한 연구 성과는 긴 안목으로 봤을 때 사회에 어떻게 도움이 되는 것일까요?

가치 있는 연구는 탐구심에서 탄생한다

내가 교편을 잡고 있는 캘리포니아 공과대학교에서 2013년까지 학장을 지낸 장루 샤모Jean-Lou Chameau 교수가 다음과 같은 연설을 했습니다.

"과학 연구가 무엇을 가지고 올 것인지 미리 예측할 수 없습니다. 진정한 기술 혁신이란 사람들이 자유로운 마음과 집중력을 가지고 꿈을 꿀 수 있는 환경에서 탄생한다는 것만은 확실합니다."

"일견 도움이 될 것 같지 않는 지식의 탐구나 호기심을 응원하는 일은 국가에 이익이 되는 일이므로 이를 지키고 육성해야 합니다."

나는 이 연설을 듣고 놀랐습니다. 샤모 교수의 전공은 토목공학입니다. 다리를 놓고 터널을 뚫어서 우리 사회에 직접적으로 도움이 되는 연구를 하고 있는 그가 일견 도움이 될 것 같지 않는 지식의 탐구나 호기심이 중요할 뿐만 아니라 국익으로 이어진다고 말한 것입니다.

기초과학의 발견이 사회의 도움이 되는 것은 당연한 일입니다. 산업 혁명을 통해 자연과학의 지식이나 수학의 방법이 기술을 발전시키는 데 큰 도움이 되었습니다. 기초과학은 기초가 되는 자연계의 구조를 탐구함으로써 여러 기술의 원류가 됩니다. 기초과학의 연구 성과가 이룩된 당시에는 그것이 사회에 어떤 도움이 될 것인지 알지 못하기 때문에 가치의 축이 바뀌어도 그 유익함은 영향을 받지 않습니다. 맥스웰의 전자기 이론을 통신에 응용하거나 페르마의 소정리를 인터넷 암호에 응용하는 것처럼 기초과학의 발견이 뜻밖의 형태로 도움이 되는 것은 연구가 발견 그 자체의 가치를 위해 이루어졌기 때문입니다.

그렇다고 기초과학의 모든 연구 성과가 유용한 것은 아닙니다. 아무도 읽지 않고 사라져버리는 논문도 있습니다. 반면에 새로운 학문 분야를 탄생시키고 우리 생활에 도움이 되고 사회를 변혁시키는 강한 영향력을 가진 논문도 있습니다. 그 차이는 어디에서 만들어지는 것일까요?

샤모 교수는 '진정한 기술 혁신'을 위해서는 자유로운 마음과 집중력을 가지고 꿈을 꿀 수 있는 환경이 필요하다고 했습니다. 또한 앞에서 소개한 플렉스너는 《쓸모없는 지식의 쓸모》에서도 "정신과 지성의 연구야말로 압도적으로 중요하다"라고 주장하고 있습니다. 과학자가 지적 호기심에서 시작하는 자유로운 연구야말로 긴 안목으로 봤을 때 도움이 된다고 말하고 있습니다.

그렇다면 과학자가 스스로의 호기심에 이끌려서 하는 연구는 왜 도움이 되는 것일까요?

제1부의 '연구의 가치는 무엇으로 정해지는가'에서 소개한 푸앵카레의 《과학과 방법》에서 가치 있는 과학이란 더 많은 과학의 발전으로 이어지는 보편적 발견이라고 말하고 있습니다. 푸앵카레는 순수 수학자이므로 여기서 그가 말하는 것은 기초과학으로서의 가치입니다. 기초과학으로서 가치가 있는 발견은 폭넓은 자연 현상을 설명할 수 있고, 더 나아가 많은 과학 발전으로 이어집니다. 이런 큰 흐름에는 유익한 기술을 사회에 응용할 수 있다는 것도 포함되어 있습니다. 따라서 기초과학자가 가치 있다고 생각하는 발견이야말로 긴 안목으로 봤을 때 큰 도움이 되는 것입니다.

과학의 연구 방향을 가치 있는 쪽으로 정하기 위해서 가장 중요한 것은 깊이 파고들어 연구하고자 하는 과학자의 마음입니다. 이를테면 아르키메데스, 뉴턴과 나란히 인류 사상 가장 위대한 수학자의 한 사람으로 꼽히는 19세기 독일의 카를 프리드리히 가우스Carl Friedrich Gauss의 젊은 날의 연구에 대해 펠릭스 클라인Felix Klein의 《19세기의 수학》에는 다음과 같은 표현이 있습니다.

"자신의 즐거움을 위해서 고안된 초기의 모든 지적 유희가 나중에서야 의식하게 되는 목표의 포석이었던 것이다. 깊은 뜻을 가지고 있지 않아도 절반은 장난으로 시작한 것이라고 해도, 숨어 있는 금맥에 똑바로 다리를 놓는 것은 천재의 예지 능력이 분명하다."

또한 '대수 기하학'이라고 하는 순수 수학 연구로 필즈상을 수상한 국제수학연합의 모리 시게후미 전 총재도 '수학이 도움이 될까?'라는 물음에 대해서 다음과 같이 답하고 있습니다.

"지금은 아니지만 50년 혹은 100년 후가 될지 모르는 미래에 도움이 될 수 있습니다. 그 방향을 나타내는 최고의 컴퍼스는 바로 여러분의 학술적 탐구심입니다."*

가치 높은 발견을 위해서는 연구자의 탐구심이 탁월해야 합니다. 이렇게 생각하면 기초 연구에 지원을 어떻게 해야 할 것인지 명확해집니다. 근래에는 연구비 분배가 경쟁적으로 이루어지는 경우가 많습니다. 연구자가 신청서를 작성하는 것만으로도 힘이 빠져서 연구 자체에 시간을 쓰지 못한다는 문제가 있습니다. 물론 한정된 연구 자금을 유망한 연구에 우선적으로 분배해야 합니다. 단 공학의 목적 합리적 행위와 이학의 가치 합리적 행위에 있어서 평가의 방법이 달라야 한다고 생각합니다.

공학의 목적 합리적 연구의 경우에는 이것이 어떻게 도움이 될 것인지, 그 목적이 달성 가능한지를 심사하는 것이 타당합

* 일본수학회 〈수학통신〉 2010년도 제4호

니다.

이에 비해 기초과학의 가치 합리적 연구는 유카와 히데키의 말처럼 '지도 없이 하는 여행'과 같은 것이기 때문에 연구의 목적이나 실현 가능성만으로 평가하는 것은 좋지 않습니다. 그보다 연구자 자신의 탐구심이 어느 정도 우수한지, 탐구심으로 시작된 연구를 수행할 능력이 있는지가 연구 성과의 가치를 좌우하기 때문입니다.

유럽과 미국에는 사람에게 투자하는 연구 지원 제도가 많이 있습니다. 연구 계획을 보고 평가하여 투자를 하는 것이 아니라 연구자의 탐구심과 능력에 투자하는 것입니다. 나도 제1부에 등장하는 사이먼스 재단이 수리 과학의 진흥을 위해 설립한 연구소의 선임 연구원이 되어서 10년간 1억 엔 이상의 지원을 받았습니다.

일본에서도 전쟁 전의 리켄에서는 이것이 실천되어서 성과를 올리고 있었습니다. 제1부의 '자유로운 낙원에서 멋진 날들'에서 소개한 도모나가 신이치로의 《거울 속의 세계》에 수록되어 있는 '나의 스승, 나의 친구'의 내용을 다시 인용하겠습니다.

"연구 주제의 방법이나 선택은 연구원에게 자율적으로 맡겨졌고 연구가 사회에 도움이 되지 않는다고 불평을 듣는 일도 없었다."

"연구의 필수 조건은 무엇보다도 사람이다. 그 사람의 양심을 믿고 자율적으로 자유롭게 맡겨보는 것이다. 좋은 연구자는 … 무엇이 중요한지 스스로 판단할 수 있다."

이런 탐구심의 컴퍼스에 끌린 가치 합리적 행위가 인류를 미신이나 편견에서 해방시켰고 그 세계를 깊게 이해하여 우리의 마음을 풍요롭게 했습니다. 이것은 긴 안목으로 봤을 때 사회에 도움이 되는 응용으로도 이어집니다. 기초과학이란 참으로 멋진 일입니다.

앞서 "보다 깊이, 보다 바르게 사물을 이해하려고 하는 것이 의식의 순기능"이라고 말했습니다. 기초과학은 인간의 이런 능력을 충분히 발휘할 수 있는 장입니다. 여기에는 스스로 탐구심을 연마해서 이것이 가리키는 방향을 알아보고 밀고 나가는 집중력이 필요합니다. 이는 제2부에서 인용한 사토 미키오 교수의 "수학을 생각하면서 잠이 들고 아침에 눈을 뜨면 이미 수학의 세계에 들어와 있어야 합니다"라는 말에도 나타나 있습니다.

또한 불교학자인 사사키 시즈카는 나와 함께 쓴《지구인들을 위한 진리 탐구》에서 다음과 같이 말합니다. "우주의 진리를 찾아내기 위해서는 극도로 집중한 상태를 장시간 지속할 필요가 있다. 이 때문에 다른 일은 하지 않고 연구의 세계에서 평생을 보낸다. 이것은 마치 출가한 사람의 삶이라고 할 수 있다."

출가자로서 과학자에게는 책임도 있습니다. 석가모니가 죽은 후 석가모니의 제자들은 그의 가르침을 '삼장三藏'이라는 세 개의 경전으로 편찬했습니다. 그중 하나인 '율장律藏'에는 출가자들의 행동 규범이 기술되어 있습니다. 율장을 연구하고 있는 사사키는 율장의 목적이 "아무리 출가를 했다고 해도 일반 사회와 연을 끊고 살 수는 없으므로 사회로부터 지원을 받을 수

있도록 자신을 다스리면서 사는 것"이라고 했습니다.* 과학자
는 자신의 호기심을 충족시키기 위한 개인적인 목적을 위해 사
회의 도움을 받아서 당장은 사회에 도움이 되지 않을지도 모르
는 연구에 전념하고 있음을 자각해야 합니다.

　내가 소속되어 있는 캘리포니아 공과대학교는 사립이므로
재단이나 독지가에게 기초 연구의 의미를 설명할 기회가 있습
니다. 그때 "이런 연구가 정신적으로 풍요로움을 가져다주는
것은 알고 있지만 이것이 사람들의 생활을 어떻게 개선할 것인
지에 대해서도 알고 싶습니다"라는 말을 자주 듣습니다. 후자
에 대한 친절한 설명이 폭넓은 지원을 얻을 수 있는 답이라고
생각합니다. 이럴 때에는 "호기심이 생기는 대로 연구하고 있
습니다"라고 말하는 것이 아니라 질문의 의도를 파악하여 기초
과학의 가치와 그 사회적 의의에 대해서 정중하게 설명합니다.
이 책의 마지막에서 '사회에서 기초과학이란 무엇인가'를 이야
기한 것도 이 때문입니다.

　나는 행복하게도 전망대 레스토랑에서 지구의 크기를 잰 초
등학생 때부터 지금에 이르기까지 진리를 알아가면서 느끼는
확실한 보람을 중요하게 여기면서 살아왔습니다. 연구를 진지
하게 즐길 수 있는 일이야말로 인류의 자산인 과학의 지식을
발전시킬 수 있는 원동력입니다. 그리고 이것은 언젠가 사회에
도움이 될 것입니다. 나는 계속해서 기초과학이라는 직업을 진

* 일본경제신문 2020년 11월 13일 석간

지하게 즐기고 자연계의 기본 법칙을 찾는 여행을 떠날 생각입
니다.

나오며

총 14권으로 이뤄진 고대 그리스의 철학자 아리스토텔레스
의 《형이상학》은 다음의 문장으로 시작합니다.

모든 인간은 태어나면서부터 알기를 원한다.

그는 알기를 원하는 것이 인간 고유의 본능이고 이것이 꽃을
피울 때 행복으로 이어진다고 생각했습니다. 그리고 1600년
후 유럽의 중세 시대 아리스토텔레스의 철학을 받아들여서
기독교 신학을 재구축한 토마스 아퀴나스는 대학에서의 토
론을 정리한 7개의 책들 중 하나인 《진리에 대해서Quaestiones
disputatae de ueritate》에서 "인간의 궁극의 목표"는 "우주와 그 원
인의 모든 질서가 영혼에 기록되는" 것이라고 말했습니다. 아
퀴나스로부터 800년이 지난 오늘날 우주의 원인과 질서를 이
해하는 많은 부분을 기초과학이 담당하고 있습니다.

아퀴나스가 소속됐던 도미니코회는 당시 막 창립된 탁발 수도회였습니다. 그 이전의 수도회는 농촌에 광대한 영토를 소유하고 세속으로부터 떨어진 조용한 환경에서 기도하며 노동 생활을 하는 집단이었습니다. 이에 비해 도미니코회와 프란시스코회를 효시로 하는 탁발 수도회는 갑자기 생겨난 도시에서 설교하는 데 힘을 쏟았습니다. 그들의 가르침에 감명을 받은 사람들이 희사하는 것에 의지하면서 청빈하게 신의 진리 탐구를 했습니다. 이 책의 첫 부분에서 언급했던 《신학대전》의 아퀴나스의 말에는 사람들의 바람과 고뇌에 응해서 교의를 널리 전하는 도미니코회의 사명이 반영되어 있습니다.

단순히 빛을 발하는 것보다 밝게 비추는 것이 보다 훌륭한 것처럼, 단순히 명상하는 것보다 명상의 열매를 다른 사람에게 전하는 것이 더 훌륭한 일이다.

사회의 지원을 받고 자연의 진리를 탐구하는 과학자는 기독교의 수도사나 불교 출가승의 전통을 현대에 계승한 사람입니다. 그래서 나도 이론 물리학 연구와 더불어 사회에 적극적으로 봉사하려고 노력합니다. 일반인을 위한 책을 8권 집필했고 그중 이 책을 포함한 4권의 책이 한국어로 번역되었습니다. 이 책과 《수학의 언어로 세상을 본다면》의 한국어판을 출판해주신 바다출판사에 감사드립니다.

도쿄 대학교에서 과학 기술 사회론을 가르치고 있는 요코다 히로미横山広美 교수가 원고에 대해서 꼼꼼히 조언을 해주었고 과학의 가치 중립성과 공학의 역사에 관한 자료를 제공해주었습니다. 또한 한국어로도 번역된《지구인들을 위한 진리 탐구》를 저와 함께 저술한 불교학자 사사키 시즈카에게 '율장'의 해석과 관련 내용에 대해 검토를 받았습니다. 이 책의 내용에 대한 책임은 모두 저에게 있음은 말할 필요도 없습니다.

우리 과학자가 진리의 탐구에 전념할 수 있는 것은 이런 활동에 의미를 이해하고 지원해주는 사회가 있기 때문입니다. 지금부터라도 지원에 보답할 수 있는 연구를 통해 사회에 보답할 것입니다. 또한 저를 낳아서 키워주신 부모님, 학문의 세계로 이끌어주신 선생님들, 함께 공부한 친구들, 항상 마음의 의지가 되는 가족에게 감사의 마음을 표합니다.

이 책에서 기술한 바와 같이 자유서방에 방목되었던 초등학교 때부터 지금까지 지식의 대부분을 서점에 있는 책을 통해서 배웠습니다. SNS의 발달로 기존의 미디어가 쇠퇴하고 있지만 신뢰할 수 있는 정보의 전달은 여전히 중요합니다. 인류가 몇 천 년에 걸쳐서 쌓아올린 지식을 지키고 지식의 발전에 이바지하고 있는 모든 출판 관계자와 이 책을 나누고 싶습니다.

오구리 히로시

옮긴이의 말

오구리 히로시에 매료되다!

출판사로부터 오구리 히로시 교수의 책 번역을 의뢰받았을 때, 반갑기도 했지만 살짝 두려웠다. 5년 전《수학의 언어로 세상을 본다면》을 번역할 때, 나는 그의 '일본어+수학의 언어'를 이해하기 위해서 많은 노력이 필요했기 때문이다. 그는 "수학은 영어나 일본어로는 도저히 표현할 수 없는 사물에 대한 정확한 표현을 위해서 만든 언어다"라면서 다양한 이야기를 수학으로 풀어나갔고, 나는 그의 '수학의 언어'를 쫓아가기 바빴다.

그의 새 책을 조심스럽게 펼치자 이전의 글에서는 느낄 수 없는 친근함이 있었다. 일본의 시골에서 태어난 사람이라고 자신을 소개하고, 기초과학을 직업으로 하는 연구자로 살아온 것에 대해서 감사하다고 했다. 하이젠베르크, 고시바 마사토시 등 저명한 과학자들의 이야기부터 양자역학의 세계까지 동서고금을 날아다니면서 펼치는 이야기의 중심에는 항상 그의 모습이 따뜻하게 존재했다.

"원래 우리 집은 가게를 경영하고 있어서 이것을 이어야 한다는 말도 있었지만, 내가 전혀 관심을 보이지 않으니 부모님은 일찍이 포기한 것 같았다. 아버지는 손님들에게 '아들놈이 도움이 안 되는 공부에 흥미가 있어서'라고 자조인지 자랑인지 모를 이야기를 했다"라는 대목은 참으로 흥미롭지 않은가. 할머니를 따라 신사를 찾았을 때 "언젠가 아인슈타인의 일반상대성이론을 이해할 수 있도록 해주세요"라고 기도하는 소년의 모습에 나는 마음을 완전히 빼앗겼다.

나는 오구리 히로시 교수와 별반 나이 차이가 나지 않고, 중·고등학교를 일본에서 공부했으므로 그와 비슷한 시간과 공간을 공유한 사람이다. 그래서 더욱 가깝게 다가갔다. '왜 이론 물리학자가 되고 싶었는가'에 대한 어린 시절의 이야기부터 과학과 사회의 관계에 대한 자신의 생각을 펼치기까지 자분자분 들려주는 이야기는 참 친절하다. 나의 지난 겨울은 오구리 히로시 교수의 글에 아니 그 사람의 매력에 푹 빠져서 시간을 보냈다. 역자로서는 참 행복한 시간이었다.

"우리의 생명은 유한하지만, 물리 법칙은 내가 태어나기 전부터 앞으로 다가올 영원한 세상의 모든 것을 설명할 수 있다.
다시 말해서 물리학은 자연계의 기본 법칙을 발견하고, 이것을
이용해서 이 세상의 다양한 현상을 설명하는 학문이다. 고로
과학은 자연에서 보내온 암호를 해독하는 작업이다." 이런 말
을 하면서, 과학자로 살고 있는 그는 참으로 멋진 책으로 우리
에게 다시 돌아왔다.

2022년
고선윤

옮긴이 고선윤

서울대학교 동양사학과를 졸업하고 한국외국어대학교 일어일문학과에서 박사 학위를 받았다. 현재 백석예술대학교 외국어학부에서 학생들을 가르치고 있다. 저서로는 《나만의 도쿄》《토끼가 새라고?》《헤이안의 사랑과 풍류》등이 있으며 《수학의 언어로 세상을 본다면》을 비롯하여 《수학 올림피아드 수재들의 풀이 비법》《3일 만에 읽는 수학의 원리》등의 책을 우리말로 옮겼다.

소년은 어떻게 과학자가 되었나

초판 1쇄 발행 2022년 6월 30일

지은이 오구리 히로시
옮긴이 고선윤
책임편집 김정하
디자인 주수현 정진혁

펴낸곳 (주)바다출판사
주소 서울시 종로구 자하문로 287
전화 02-322-3675(편집) 02-322-3575(마케팅)
팩스 02-322-3858
이메일 badabooks@daum.net
홈페이지 www.badabooks.co.kr

ISBN 979-11-6689-079-6 03400